兽医外科学实习教程

金艺鹏　林德贵　主编

中国农业大学出版社
·北京·

参编人员名单

主　　编　金艺鹏　林德贵

副 主 编　彭广能

编　　者　（按姓氏笔画排列）

王金秋（北京农业职业技术学院）

丛恒飞（中国农业大学）

史万玉（河北农业大学）

张加力（吉林农业大学）

李云章（内蒙古农业大学）

李宏全（山西农业大学）

李越鹏（中国农业大学）

邱昌伟（华中农业大学）

林德贵（中国农业大学）

郑小波（西南大学）

金艺鹏（中国农业大学）

金东航（河北农业大学）

袁占奎（中国农业大学）

彭广能（四川农业大学）

韩春杨（安徽农业大学）

绘　　图　金艺鹏（中国农业大学）

黄绿榕（中国农业大学）

内 容 简 介

《兽医外科学实习教程》共分为 27 个实验，涉及大、小动物兽医外科创伤、感染、矫形技术、肿瘤、皮肤病、眼科、牙科、耳鼻喉科、脊柱外科、胸部外科、消化系统、泌尿系统、生殖系统、跛行、蹄病、骨关节等常见疾病的临床诊断与治疗技术。其中，有关小动物临床的创伤矫形技术、皮肤病、眼科、牙科等部分为目前较为新颖的内容，对我国高校兽医外科学教学工作进行了有益的补充。

众所周知，兽医外科学具有庞大的知识体系。考虑到本实习教程主要针对高等农业院校兽医专业在校本科生设计编写，学生学习的时间和精力有限，因此，挑选出学科中具有代表性的实习内容进行编排，以介绍基本兽医外科学知识，训练学生掌握基本外科操作技术为目的。在兽医外科学领域从事教学工作的教师，可结合本院校的特点，选择性地安排本教程介绍的实习内容，并合理地制定教学深度。

本教程可以配合林德贵主编的面向 21 世纪课程教材《兽医外科手术学》(第 4 版)(中国农业出版社，2004)与王洪斌主编的《家畜外科学》(第 4 版)(中国农业出版社，2002)使用。为了更好地适应本科生的学习特点，本教程补充了较多新颖的插图，使教学实习过程更为直观。

前　　言

时代的进步和社会经济的发展推动了临床兽医学前进的步伐。近年来，动物临床医学得到了前所未有的发展，其中重要传统学科兽医外科学的进步尤其显著。学科的发展源于社会的实际需求，科学技术的发展与信息化、电子化、机械化的社会变革也使我国兽医服务的对象发生了变化。传统的役用家畜逐渐退出历史的舞台，家养宠物的数量显著增多。小动物将逐渐成为临床兽医所面对的重要的服务对象。为了适应这一变革，兽医外科学的教学内容急需调整和丰富，教师在小动物疾病临床与教学方面的素养也应相应提高。

党的二十大深入实施人才强国战略精神，要求培养造就大批德才兼备的高素质人才，是国家和民族长远大计。

本次编写《兽医外科学实习教程》，先后经历了多次内容的修改和完善。在保持传统大家畜兽医外科学的学科地位的同时，扩充了小动物外科学的内容，并补充了兽医创伤矫形技术、皮肤病、眼科、牙科等新颖的实习内容。以帮助兽医学生进一步夯实业务本领，精益求精，积极开拓进取，力求培养新一代的兽医人，为国家和社会培养一流的高技能人才。同时，作者（金艺鹏，J. Y. P；黄绿榕，W. L. I.，中国澳门）手绘了大量线条插图，有利于提高本课程教学的直观性。

本书图文并茂，简明实用，一切以满足现代兽医临床外科学教学为出发点，希望本书能够为本科生的兽医外科学实习课提供良好的学习素材。

由于时间紧张，作者水平有限，书中不免存在缺陷，希望读者提出宝贵意见，以利于本书的再版修订。

编者

2023 年 8 月

目　　录

实习一　开放性损伤的诊断、鉴别与处理

实习目的

通过实习，熟悉和掌握各种常见的开放性损伤的治疗原则和治疗方法。

实习方法

先由教师对三种不同类型的开放性损伤进行介绍，再对照实际病例简要介绍，然后学生以小组为单位，进行创伤的检查与处理。

实习内容

- 创伤的临床检查法
- 新鲜创的处理方法
- 感染创的处理方法
- 肉芽创的处理方法

实习对象

实验犬，兽医院就诊的患病动物。

实习材料与器械

探针、手术刀柄、手术直剪、手术镊、止血钳、创巾钳、卷轴绷带、引流纱布、脱脂棉、酒精棉球、碘酊、魏斯聂夫斯基氏流膏（魏氏流膏）、生理盐水、0.01%呋喃西林、0.1%新洁尔灭、3%双氧水、0.1%高锰酸钾、剪毛剪及其他创伤用药。

实习步骤

一、创伤的临床检查法

1. 问诊：询问发病原因、时间、致伤物体性质及急救措施。

2. 一般检查：包括检查精神状态、营养状况、体温、呼吸、脉搏、可视黏膜、受伤部位及机能障碍等。

3. 视诊：确定创口的部位、大小、形状、方向、性质，创口裂开程度，出血情况，有无感染化脓，创缘创面是否整齐，有无肿胀，有无挫灭组织、异物等。

4. 触诊：对创围进行轻柔而细致的触诊，以确定局部温度、疼痛与否、组织的硬

度等。

5.探诊:创口内部的探诊,应按无菌操作,创围剃毛消毒,手和器械要消毒,探查创伤的深度、方向、有无创囊,深部组织受伤情况,有无血凝块、异物及坏死组织。

6.脓汁的检查:检查脓汁的颜色、气味和黏稠度,并判定细菌的种类。必要时采取脓液涂片镜检或进行细菌分离培养。

脓汁酸碱度的检查:将石蕊试纸放入创伤深部的脓汁上,然后对照比色板,以判定其酸碱性。

二、创伤治疗的基本方法

1.创围清洁法:清洁创围的目的在于防止创伤感染,促进创伤愈合。清洁创围时,先用灭菌纱布块覆盖创面,防止异物落入创内。后用剪毛剪将创围被毛剪去,剪毛面积以距创缘周围 10 cm 左右为宜。创围被毛如被血液或分泌物黏着时,可用 3%双氧水和氨水(200∶4)混合液将其除去。再用 70%酒精棉球反复擦拭紧靠创缘的皮肤,直至清洁干净为止。离创缘较远的皮肤,可用肥皂水和消毒液洗刷干净,但应防止洗刷液落入创内。最后用 5%碘酊或 5%酒精福尔马林溶液以 5 min 的间隔,两次涂擦创围皮肤。

2.创面清洗法:揭去覆盖创面的纱布块,用生理盐水冲洗创面后,持消毒镊子除去创面上的异物、血凝块或脓痂,再用生理盐水或防腐液反复清洗创伤,直至清洁为止。创腔较浅且无明显污物时,可用浸有药液的棉球轻轻地清洗创面;创腔较深或存有污物时,可用洗创器吸取防腐液冲洗创腔,并随时除去附于创面的污物,但应防止过度加压形成的急流冲刷创伤,以免损伤创内组织和扩大感染。清洗创腔后,用灭菌纱布块轻轻地擦拭创面,以便除去创内残存的液体和污物。

3.清创手术:用外科手术的方法将创内所有的失活组织切除,除去可见的异物、血凝块,消灭创囊、凹壁,扩大创口(或作辅助切口),保证排液畅通,力求使新鲜污染创变为近似手术创伤,争取创伤的第一期愈合。

4.创伤缝合法:根据创伤情况可分为初期缝合、延期缝合和肉芽创缝合。

初期缝合是对受伤后数小时的清洁创或经彻底外科处理的新鲜污染创施行缝合,其目的在于保护创伤不受继发感染,有助止血,消除创口开裂,使两侧创缘和创壁相互接合,为组织再生创造良好条件。适合于初期缝合的创伤条件是:创伤无严重污染,创缘及创壁完整,且具有生活力,创内无较大的出血和较大的血凝块,缝合时创缘不致因牵引而过分紧张,且不妨碍局部的血液循环等。

临床实践中,常根据创伤的不同情况,分别采取不同的缝合措施。有的施行创伤初期密闭缝合;有的做创伤部分缝合,于创口下角留一排液口,以便于创液的排出;有的施行创口上下角的数个结节缝合,以减少创口开裂和弥补皮肤的缺损;有的先用药物治疗 3～5 d,无创伤感染后,再施行缝合,称此为延期缝合。经初期缝合后的创伤,如出现剧烈疼痛、肿胀显著,甚至体温升高时,说明已出现创伤感染,应及时部分或全部拆线,进行开放疗法。

肉芽创缝合又叫二次缝合,用以加速创伤愈合,减少疤痕形成。适合于肉芽创缝合的创伤条件是:创内应无坏死组织,肉芽组织呈红色平整颗粒状,肉芽组织上被覆的少量脓汁内无厌氧菌存在。对肉芽创经适当的外科处理后,根据创伤的状况施行接近缝合或密闭缝合。

5. 创伤引流法:当创腔深、创道长、创内有坏死组织或创底潴留渗出物等时,以使创内炎性渗出物流出创外为目的,常用引流疗法。其中以纱布条引流最为常用,多用于深在化脓感染创的炎性净化阶段。纱布条引流具有毛细管引流的特性,只要把纱布条适当地导入创底和弯曲的创道,就能将创内的炎性渗出物引流至创外。作为引流物的纱布条,根据创腔的大小和创道的长短,可做成不同的宽度和长度。纱布条较长,其条幅也应相对宽些。若将细长的纱布条导入创内时,则会因其形成圆球而无法起引流作用。引流纱布是将适当长、宽的纱布条浸以药液(如青霉素溶液、中性盐类高渗溶液、奥立夫柯夫氏液、魏氏流膏等),用长镊子将其两端分别夹住,将一端疏松地导入创底,另一端游离于创口下角。

6. 创伤包扎法:创伤包扎应根据创伤具体情况而定。一般经外科处理后的新鲜创都要包扎。创内有大量脓汁、厌氧性及腐败性感染,以及炎性净化后出现良好肉芽组织的创伤,一般可不包扎,采取开放疗法。创伤包扎不仅可以保护创伤免于继发损伤和感染,且能保持创伤安静、保温,有利于创伤愈合。创伤绷带用三层,即从内向外由吸收层(灭菌纱布块)、接受层(灭菌脱脂棉块)和固定层(卷轴带、三角巾、复绷带或胶绷带等)组成。对创伤作外科处理后,根据创伤的解剖部位和创伤的大小,选择适当大小的吸收层和接受层放于创部,固定层则根据解剖部位而定:四肢部用卷轴带或三角巾包扎;躯干部用三角巾、复绷带或胶绷带固定。

创伤绷带的更换时间应按具体情况而定。当遇到绷带已被浸湿而不能吸收炎性渗出物,脓汁流出受阻,以及需要处置创伤等情况时,应及时更换绷带;除上述情况外,则可以选择适当更换延长时间。更换绷带时,应轻柔、仔细、严密消毒,防止继发损伤和感染。创伤换绷带包括取下旧绷带、处理创伤和包扎新绷带三个环节。

7. 全身性疗法:受伤病畜是否需要全身性治疗,应视具体情况而定。许多受伤病畜因组织损伤轻微、无创伤感染及全身症状等,可不进行全身性治疗。当受伤病畜出现体温升高、精神沉郁、食欲减退、白细胞增多等全身症状时,则应施行必要的全身性治疗,以防止病情恶化。例如,对污染较轻的新鲜创,经彻底的外科处理以后,一般不需要全身性治疗;对伴有大出血和创伤愈合迟缓的病畜,应输入血浆代用品或全血;对严重污染而很难避免创伤感染的新鲜创,应使用抗生素或磺胺类药物,并根据伤情的严重程度,进行必要的输液、强心措施,注射破伤风抗毒素或类毒素;对局部化脓性炎症剧烈的病畜,为了减少炎性渗出和防止酸中毒,可静脉注射10%氯化钙溶液100～150 mL和5%碳酸氢钠溶液500～1 000 mL,必要时可连续使用抗生素或磺胺类制剂,以及采取强心、输液、解毒等措施。

三、新鲜创的处理

利用实验动物或门诊病例进行。

1.清洁创围:无菌纱布覆盖创口,创围剪毛剃毛,肥皂水冲洗(要防止肥皂水流入创内),70%酒精棉球清洁创缘皮肤,5%碘酊消毒创围皮肤。

2.清理创腔:取下创口覆盖的纱布,用生理盐水或0.1%新洁尔灭液反复冲洗创腔,再用无菌镊除去冲洗不掉的异物。如果创口小、浅,创面创缘整齐,且无挫灭坏死组织时,可撒布消炎粉进行缝合。如有挫灭组织,应剪除,创缘不整齐要修整,创伤深时应扩创,有创囊时要消除或做反对孔,最后用生理盐水彻底冲洗创腔。

3.应用药物:如创伤外科处理彻底,且创面整齐便于缝合时,可不必用药,或仅涂布稀碘酊即可;如创伤污染严重,无法彻底处理时,可撒布青霉素粉、碘仿磺胺粉或碘硼合剂。

4.缝合:创面整齐、清创术彻底,可行密闭缝合。如创面污染严重,清创术又不彻底,有发生感染的可能性,可行部分缝合,创口下角可留下排液孔。如遇到组织损伤严重,清创术不良,感染化脓不可避免时,或创口过大而不规则以致不能缝合时,可行开放疗法。

5.包扎:经过清创术的创伤,不论缝合或不缝合,都应包扎,当感染化脓时,可拆除包扎。四肢下部及腹下的创伤应包扎,以防继发污染,寒冷的冬季创面应行包扎。

四、感染创的处理

利用实验动物或门诊病例进行。

1.清洁创围:同新鲜创。

2.冲洗创腔:应根据创腔化脓的多少、性质,选择不同的药物(生理盐水、0.01%呋喃西林、0.1%新洁尔灭、3%双氧水、0.1%高锰酸钾等)反复冲洗创腔,直到冲净脓汁为止。

3.处理创腔:若创口过小,可扩大创口,除去深部异物;如有创囊排液不畅时,可消除创囊或做反对孔切开。

4.应用药物:急性化脓阶段,可用高渗药物20%硫呋液,0.01%呋喃西林100 mL加硫酸钠25 g,10%氯化钠液,20%硫酸镁等温敷或做创伤引流。急性化脓性炎症消退后(即脓汁减少时),可用魏氏流膏灌注或引流。

五、肉芽创的处理

利用实验动物或门诊病例进行。

1. 清洁创围:同新鲜创。

2. 清洁创面:对肉芽面的处理不可使用刺激性较强的药物。常用生理盐水轻轻清洗,切忌猛力冲洗和强力摩擦,以防损害肉芽、继发感染。肉芽表面的一层灰白色黏稠的脓性物,不要除去,它对肉芽有保护作用。

3. 应用药物:应选用刺激性小,能促进肉芽及上皮生长的药物。临床上常用魏氏流膏、磺胺软膏、青霉素软膏等,促进肉芽生长。促进上皮生长的药物有水杨酸氧化锌软膏、水杨酸磺胺软膏等。当肉芽面接近皮肤平面时,可涂布龙胆紫。

4. 健康肉芽与不良肉芽的识别和处理:

(1)健康肉芽:红色、较硬、无水肿现象,不易出血,生长均匀致密,无高低不平,创缘无堤状隆起,周围有上皮向内生长。

(2)不良肉芽:包括水肿性肉芽和赘生肉芽。

A. 水肿性肉芽:呈淡白色或淡红色水肿,表面光滑,高于皮肤,触之有浮动感。常因深部有异物、脓汁或过多的换药、局部血循环障碍所造成。

处理方法:除去异物、脓汁,用10%氯化钠液纱布温敷。

B. 赘生肉芽:肉芽生长过速,高出皮肤表面,形成赘生肉芽,常见于深部有坏死组织、异物的肉芽创。

处理方法:可用硝酸银棒、硫酸铜腐蚀,若突出过高,可切除至皮肤平面以下,并撒布高锰酸钾粉,使其形成痂皮,也可用精制食盐末撒于肉芽面,用绷带包扎一周即可。

完成以上所有操作的学习,结束本次实习,整理实习报告。

实习注意事项

冲洗创伤时不要过度加压;彻底剪除失活组织;创伤缝合不要留有死腔;必要时做假缝合并引流。

[附:奥立夫柯夫氏液和魏氏流膏配方]

奥立夫柯夫氏液配方

硫酸镁(钠)　80.0 g

碳酸钠　4.0 g

5%碘酊　20.0 mL

甘油　280.0 mL

洋地黄叶浸液　80.0～100.0 mL

蒸馏水　80.0 mL

魏氏流膏配方

松馏油　5.0 mL

蓖麻油（或甘油）　100 mL

赛络仿（或碘仿，或75％碘酒）　3.0 mL

思考题

查阅近五年国内外与创伤愈合相关的研究文章与成果，总结展望未来的发展方向。

实习二　非开放性损伤的诊断与治疗技术

实习目的

通过实习，掌握脓肿、血肿、淋巴外渗鉴别诊断和治疗的思路。

实习方法

先由教师对不同类型的非开放性损伤进行介绍，再对照实际病例简要地介绍，然后学生以小组为单位，进行创伤的检查与处理。

实习内容

- 脓肿的诊断和治疗
- 血肿、淋巴外渗的诊断和治疗

实习对象

兽医院就诊的患病动物。

实习材料与器械

剪毛剪、刮毛刀片、碘酒、无菌 2 mL 注射器、清洁载玻片、清洁盖玻片、瑞氏染色液、光学显微镜、无菌手术刀片、洗必泰/无菌生理盐水、止血钳、魏氏流膏、纱布、输液管、灭菌丝线、消毒 1/2 弧棱针、弹性绷带。

实习基本概念

1. 疖、痈、脓肿：局部感染的三个阶段。单个毛囊感染称为疖，是坚硬的皮下结节；扩展到多个毛囊则为痈；渐渐软化，形成内有脓汁的包囊，则为脓肿。脓肿腔内压力大时，可向表层或深部形成窦道或瘘管。

2. 血肿：血管破裂，形成充满血液的腔洞。

3. 淋巴外渗：淋巴管破裂，导致淋巴液积聚于软组织内。常发生于耳凹面，主要原因是犬、猫甩头、挠耳导致淋巴管破裂。

实习步骤

一、脓肿的诊断和治疗

1. 问诊：

(1)发生多久，大小是否有变化？

(2)是否曾抓挠过，是否有发生外伤的可能性？

(3)根据常规检查，做其他有针对性的提问。

2. 常规临床检查：

(1)视诊：位置、大小、形状、颜色。

(2)触诊：温度，质地，有无波动感，与周围组织的关系，触诊敏感与否，体表淋巴结检查。

3. 辅助检查：穿刺可确定肿物内容物的性质，其步骤如下：

(1)肿物及周围被毛消毒。

(2)无菌 2 mL 注射器穿入肿物内，回抽，如果阻力大，针头变换方向。观察内容物的颜色、透明度、黏稠度。

(3)拔出注射器，将样本推到清洁的载玻片上，染色压片或抹片，并进行镜检。

4. 治疗：

(1)疖、痈：治疗方法是促进成熟，临床上常使用鱼石脂软膏外敷。

(2)脓肿：

A. 动物站立位时的脓肿最低点切开排脓。

B. 用双氧水(用于咬伤形成的脓肿)、无菌生理盐水或洗必泰冲洗脓腔。

C. 用消毒止血钳探明脓腔的大小、深度、与周围组织的关系。

D. 必要时可以向脓腔内注入抗生素注射液。

E. 引流。

a. 纱布条引流：适用于量大、不浓稠的渗出物。将纱布的毛边包在里面(不刺激伤口)，用魏氏流膏浸润，一端塞入脓腔中，另一端在切口外。可将纱布条固定于被毛上或皮肤上。

每 1～2 d 换一次引流条，原因是纱布依靠虹吸作用引流，吸满渗出物后引流作用减弱。

b. 胶管引流：适用于浓稠的渗出物。可用消毒塑胶手套或输液管制作。

塑胶手套剪下一个指套，指头部塞入脓肿切口，指掌连接部在切口外，将其缝合固定在健康的皮肤上。这样脓汁会从指套外流出脓腔，而非积聚在指套内。

剪下 5～10 cm(根据情况)的输液管,两头剪平,避免尖头刺激脓腔。将输液管对折,在两边各剪 2～3 个排液孔。这样打开时,输液管两边即有 4～6 个孔(图 2-1)。它们的作用是增加脓腔中排液通道和避免脓汁堵塞引流管。

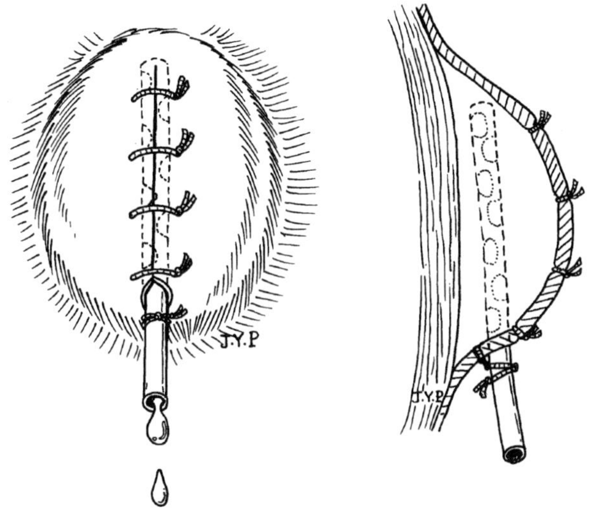

图 2-1　脓肿的胶管引流

F. 必要时可做反对孔。如果渗出物十分浓稠,不易排出,则在脓肿最高点做反对孔。引流条从反对孔进入,从排液口出来。每天从反对孔冲洗脓腔。

G. 切开后的最初 3 d,需要天天观察渗出物和切口的情况并换药,要保持切口开放。3 d 后如果渗出液减少、变稀,可考虑拆掉引流条,并逐渐减少换药频率,以减少对新生肉芽组织的刺激。

H. 根据脓肿的个数、大小、深度以及动物的全身情况,决定是否需要全身抗生素治疗。

二、血肿、淋巴外渗的诊断和治疗

1. 治疗原则是切开排液,压迫,预防继发感染。

2. 切开排液同脓肿。关键是切开时机。如果切开时血管或淋巴管破裂处仍存在,那么有可能复发。而若耽搁过久,肿物机化,结缔组织长入,只有切除。所以待肿物不再增大,但仍有波动感时切开为好。

3. 根据情况使用弹性绷带或硬支撑物压迫。也可在腔内塞入福尔马林浸泡的纱布,起到封闭血管/淋巴管和压迫的作用。压迫不要影响到动物的基本生理活动。

4.局部抗生素治疗预防继发感染。

实习注意事项

对于有感染发生的非开放性创伤,外科切开与引流并保持通畅极其重要。

实习三　物理化学性损伤的诊断、鉴别与处理

实习目的

通过制造实验动物的损伤模型，学习烫伤、冻伤、碱性化学烧伤与酸性化学烧伤的诊断、鉴别与外科处理技术。

实习方法

先由教师结合理论课知识，讲解烫伤、冻伤、碱性化学烧伤与酸性化学烧伤的诊断、鉴别与外科处理技术。然后对学生进行分组，使用实验动物进行烫伤、冻伤、碱性化学烧伤与酸性化学烧伤的动物模型建立、鉴别诊断与外科处理技术的实际操作。

实习内容

烫伤、冻伤、碱性化学烧伤与酸性化学烧伤的动物模型建立、鉴别诊断与外科处理技术。

实习对象

实验兔或实验犬。

实习材料与器械

软皂水、冰水、沸水、液氮、20％氢氧化钠、20％盐酸、5％氯化铵、5％碳酸氢钠、846 合剂、舒泰 50 合剂、5％高锰酸钾、0.1％新洁尔灭、聚维酮碘软膏、拜有利注射液、记号笔、常规剃毛与手术器械、绷带纱布。

实习步骤

1.实验兔或实验犬麻醉后俯卧保定，麻醉药物剂量为 846 合剂 0.05 mL/kg，舒泰 50 合剂 0.05 mL/kg，混合肌注。

2.用温软皂水充分浸湿动物背部皮毛，30 s 后仔细剃毛，其范围为颈胸交界处至荐尾交界处的脊柱两侧 8～10 cm 区域。

3.将剃毛区等分为 4 个区域，用记号笔标记边界，分别用 30～40 mL 沸水、3～5 mL 液氮、5 mL 20％氢氧化钠与 5 mL 20％盐酸涂抹刺激 4 个不同区域的皮

肤，建立烫伤、冻伤、碱性化学烧伤与酸性化学烧伤的活体动物模型（图 3-1）。

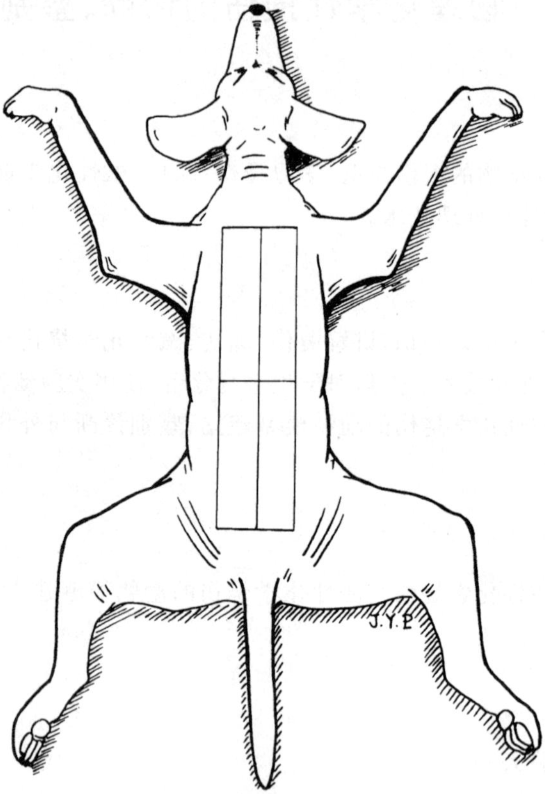

图 3-1 建立损伤的分区

4.5 min 后，观察各区域的损伤情况，记录损伤的主要表现并进行比较。

5. 学生分别针对不同的损伤，进行相应的治疗处理，其方法如下。

（1）沸水烫伤：使用大量冰水进行冲洗，减少渗出。使用注射器刺破水泡，应用 5%高锰酸钾或 0.1%新洁尔灭清洁创面，敷用聚维酮碘软膏，并进行灭菌纱布的包扎。

（2）液氮冻伤：使用温水冲洗，以促进血液循环。应用 5%高锰酸钾或 0.1%新洁尔灭清洁创面，敷用聚维酮碘软膏，并进行灭菌纱布的包扎。

（3）碱性化学烧伤：使用 5%氯化铵冲洗创面，以中和碱液。使用大量清水冲洗创面，应用 5%高锰酸钾或 0.1%新洁尔灭清洁创面，敷用聚维酮碘软膏，并进行灭菌纱布的包扎。

（4）酸性化学烧伤：使用 5%碳酸氢钠冲洗创面，以中和酸液。使用大量清水冲洗创面，应用5%高锰酸钾或0.1%新洁尔灭清洁创面，敷用聚维酮碘软膏，并进行灭菌纱布的包扎。

6. 对实验动物皮下注射拜有利注射剂，注射剂量为0.1 mL/kg，进行全身抗感染治疗。

7. 结束实习，将动物送回动物房饲养，每日换外用药物、注射抗菌药物并观察记录创伤愈合过程。总结实习过程，提交实习报告。

实习注意事项

本次实习涉及高温和危险化学药品，应注意安全，如果发生不慎沾到危险药品，应立即用大量清水冲洗后就医。

实习四　损伤并发症的诊断与治疗技术

实习目的

通过实习，熟悉和掌握各种损伤并发症的诊断与治疗方法。

实习方法

先由教师结合理论课知识，讲解常见的损伤并发症的诊断方法，着重讲解窦道、瘘管和溃疡，再由学生进行患病动物的实际操作。

实习内容

- 窦道和瘘管的诊断
- 窦道和瘘管的治疗
- 溃疡的诊断和治疗

实习对象

兽医院就诊动物。

实习材料与器械

10%碘仿醚、魏氏流膏、20%碘酊、甘油、高锰酸钾粉、10%甲醛、鱼石脂软膏、纱布、绷带、灭菌棉球、手术刀、锐匙、手术剪、手术镊、止血钳、注射器等。

实习步骤

一、窦道和瘘管的诊断

窦道是一种狭长的病理性管道，由深部组织通向体表，为只有一个口的盲管，可以发生在任何部位。一般是后天性的，多发生在鬐甲部（马鞍摩擦产生）、肩部、臀部、腹部、异物（消毒不严的缝线等）或化脓性炎症部位等。

瘘管是一种狭长的病理性管道，连接脏腔之间或体表和脏腔，有两个开口。有先天性的，如脐瘘（脐尿管闭锁不全）；也有后天性的，如手术感染引起的胃瘘、精索瘘等。

1. 视诊：窦道初期呈疼痛性肿胀，窦道口皮肤内卷，被毛脱落，流脓性分泌物，深部窦道在运动时有浓汁流出。后期形成干痂，新窦道有赘生的肉芽组织，陈旧性窦道会形成胼胝组织(硬、光滑的肉芽组织)。

排泄性瘘管(肠瘘、膀胱瘘等)经常会向外排泄空腔器官的内容物,如尿液、饲料、食糜、粪等。分泌性瘘管(腮腺、乳房等的瘘管)会经瘘管分泌腺体的分泌物,如唾液、乳汁等。

2. 探诊:用严格消毒的钝头探针探查其方向、范围、深度、部位、与周围组织的关系等。

注意:动作轻柔,严格消毒,防止感染的扩散。

二、窦道和瘘管的治疗

1. 手术切除或用锐匙刮净胼胝组织,冲洗,按照化脓创处理。

2. 小瘘管可注入10%碘仿醚,或灌注魏氏流膏。

3. 必要时做反对孔。

4. 排泄性瘘管应闭塞管腔,腮瘘注入20%碘酊固化,也可以滴入甘油数滴,再放入少量高锰酸钾粉,用棉花轻揉。也可以注入10%甲醛15～20 mL,持续数日至腮腺坏死,摘除。

三、溃疡的诊断和治疗

溃疡是皮肤或黏膜久不愈合的病理性肉芽创。

1. 视诊:可观察到溃疡的缺失面大小、深浅、性状不同,边缘高低不同、薄厚不均;表面常覆有苔藓样物,有的光滑,其下为肉芽组织;周围有炎性变化(红肿热痛),上皮形成迟缓,一般无上皮。颜色:水肿时为苍白色,形成褥疮时为鲜红色,结痂后为暗紫色。

2. 治疗原则:除去病因,促进肉芽正常生长和上皮形成,改善局部组织代谢。可局部使用抗生素软膏、复合维生素B软膏或鱼石脂软膏。也可辅助使用物理疗法,如CO_2激光聚焦灼烧。

实习五　皮肤矫形缝合技术

实习目的

通过实习，了解皮肤张力线的分布与方向，熟练应用外科手术器械，初步掌握常用的外科皮肤矫形缝合技术。

实习方法

先由教师结合理论课知识，借助图片讲解皮肤张力线的分布方向以及常见的皮肤外伤与其相对应的皮肤矫形缝合技术。然后对学生进行分组，使用实验动物进行模拟皮肤外伤矫形缝合。

实习内容

➢ 动物皮肤张力线的分布方向

➢ 常用的外科皮肤矫形缝合技术

1. 不等长曲线缝合

2. 不等长折线缝合

3. 基本减张缝合

(1)二次切口式减张缝合

(2)多孔减张缝合

(3)V-Y 式减张缝合

4. 圆形外伤减张缝合

(1)先缝后修法

(2)先修后缝法

5. 三角形外伤减张缝合

6. 矩形外伤减张缝合

7. 皮瓣移植减张缝合

实习对象

实验兔。

实习材料与器械

846合剂、注射器、酒精棉球、碘酊、常用剃毛与外科器械、手术室、手术台、手术灯、手术服及手术敷料、软皂水、灭菌纱布、医用绷带、消毒剂、高压灭菌器等。

实习步骤

一、动物皮肤张力线的相关知识及其分布方向

在外科治疗过程中，应根据外伤的个体情况评估伤口周边的组织弹性与张力方向，以方便之后的外科缝合与外科矫形，减少出现缝线张力过大引起的组织撕裂的可能。在评估过程中，应尽量遵循皮肤张力线的分布方向。皮肤张力是指动物皮肤在组织自身的收缩弹力与重力共同影响下形成的合力，将力的方向标注于皮肤表面，可呈现相对固定的线形表征，这被称为皮肤张力线。根据以往的研究结果，我们可以用示意图的方式描述张力线的分布方向。在普通的外科缝合与外科矫形中，术者应尽量按皮肤张力线平行方向作切口，按皮肤张力线垂直方向作缝合。

二、常用的外科皮肤矫形缝合技术的实验动物实习

1. 分组与分工：学生分为6组，每组4～5人，其中术者1人，助手1人，器械员1人，剩余人员负责动物的保定、麻醉、备毛、消毒、灯光、包扎与药品准备等。组内人员轮换分工，以保证每人均得到实际操作的机会。

2. 术前准备：每组取一只家兔称重，按每千克体重0.1 mL肌肉注射846合剂，进行全身麻醉。根据不同手术部位进行绷带保定，如：背部、耳部手术选用俯卧保定，腹部手术选用仰卧保定，四肢、腹背结合处手术选用侧卧保定。

用温软皂水浸湿术区皮肤毛发，使用备毛刀对术区进行备皮准备。使用酒精、碘酊进行手术常规消毒。

术者、助手与器械员洗(刷)手、消毒，穿戴手术衣、帽、口罩与手套。器械员在杂物员帮助下打开手术包，检查器械，提前进行手术准备。

3. 术中麻醉的追加：由于手术实习时间较长，应注意麻醉的追加。追加时机为动物表现出任何复苏迹象之初，追加剂量为每千克体重0.03～0.05 mL，可连续多次追加，但应监控动物的麻醉体征变化。

4. 常用的外科皮肤矫形缝合技术操作：

(1)不等长曲线缝合：由于皮肤张力的作用，某些外科创口的两边会出现不同比例的收缩，造成不等长的弯曲创口，在没有特殊要求的情况下，我们可以通过如

图 5-1 所示的曲线缝合法对其进行缝合。此种缝合方法与常规的直线等长创口缝合基本相似，但要注意长弧一侧的针距应大于短弧一侧的针距。通过此种方法缝合的创口表现为曲线段。

学生在实际操作中，可在实验动物皮肤表面较宽阔部位，模拟剪切如图 5-1 所示的创口，选择适宜的缝针与缝线按照图示的方法将其缝合。

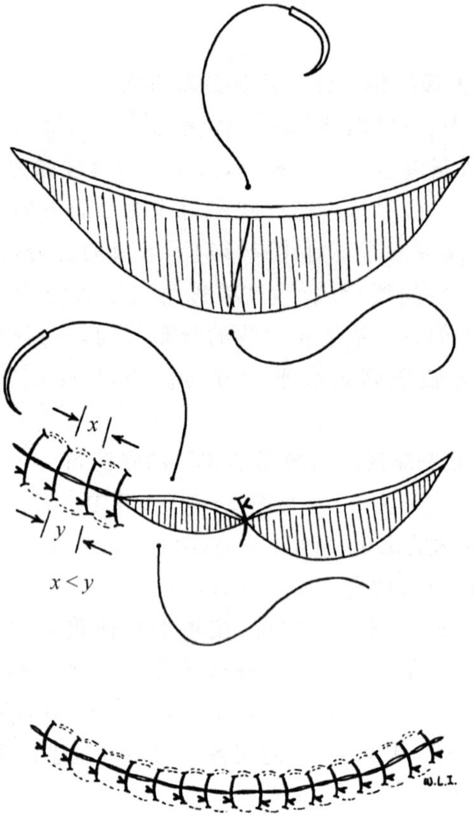

图 5-1　不等长曲线缝合

(2)不等长直线/折线缝合：对于不等长的弯曲创口，我们也可以进行如图 5-2 所示的直线/折线缝合。缝合由创口的一端开始，保持两侧相同的针距，在最后出现多余皮肤皱褶时，将其修剪成与原缝合方向有一定夹角的等边切口，并将其缝合。通过此种方法缝合的创口表现为折线段。

学生在实际操作中，可在实验动物皮肤表面较宽阔部位，模拟剪切如图 5-2 所示的创口，选择适宜的缝针与缝线按照图示的方法将其缝合。

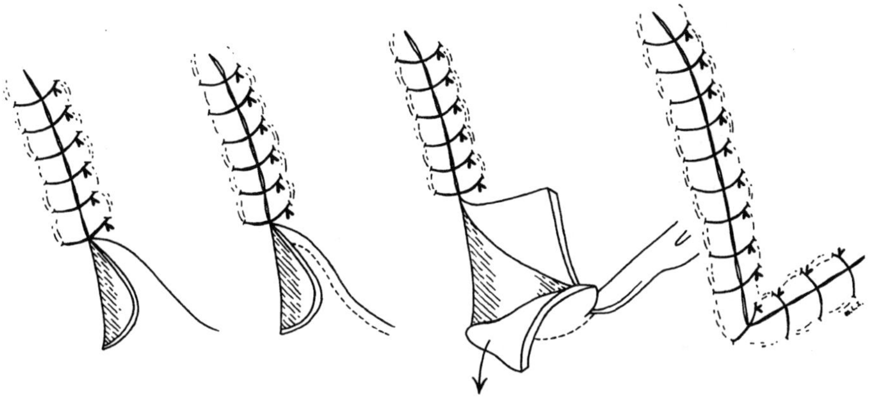

图 5-2　不等长直线/折线缝合

(3)基本减张缝合:某些情况下,由于皮肤创口周边张力过大,创口难于闭合。此时,可借助于基本减张缝合将其整复,其主要形式如下:

A. 二次切口式减张缝合:在大张力创口邻近的位置剪切一新的切口,分离两切口之间皮肤与皮下组织,首先缝合原始创口,再缝合新创口(图 5-3)。这种缝合方法是借助新创口将原本局限于原始创口的部分皮肤张力传递到新创口的周围,起到分担局部张力的作用。此方法较复杂,但减张效果一般,张力分解方向易于控制,创口不易感染。

学生在实际操作中,可在实验动物皮肤表面较宽阔部位,模拟剪切如图 5-3 所

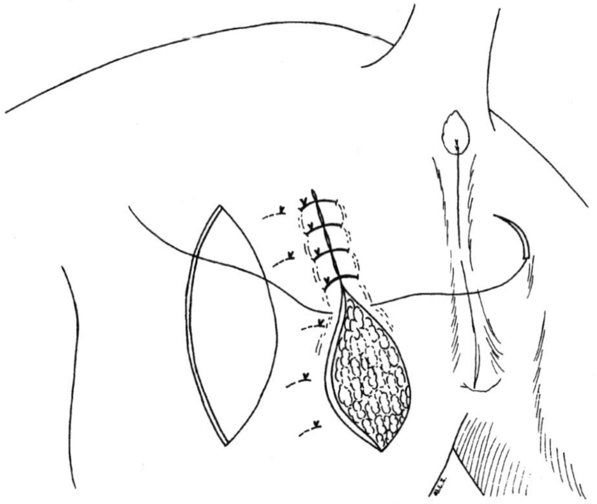

图 5-3　二次切口式减张缝合

示的创口,选择适宜的缝针与缝线按照图示的方法将其缝合。

B. 多孔减张缝合:在大张力创口周围剪切一些新的小切口(大动物切口长度不超过 1 cm,小动物切口长度不超过 0.5 cm),缝合原始创口,新创口保持开张状态(图 5-4)。这种缝合方法是借助许多小创口将原本局限于原始创口的部分皮肤张力传递到新创口的周围,起到分担局部张力的作用。此方法简单易行,但减张效果较差,张力分解方向不定,创口易感染,组织易干燥坏死,因此仅适于紧急情况下的缝合处理,注意配合包扎消毒技术。

学生在实际操作中,可在实验动物皮肤表面较宽阔部位,模拟剪切如图 5-4 所示的创口,选择适宜的缝针与缝线按照图示的方法将其缝合。

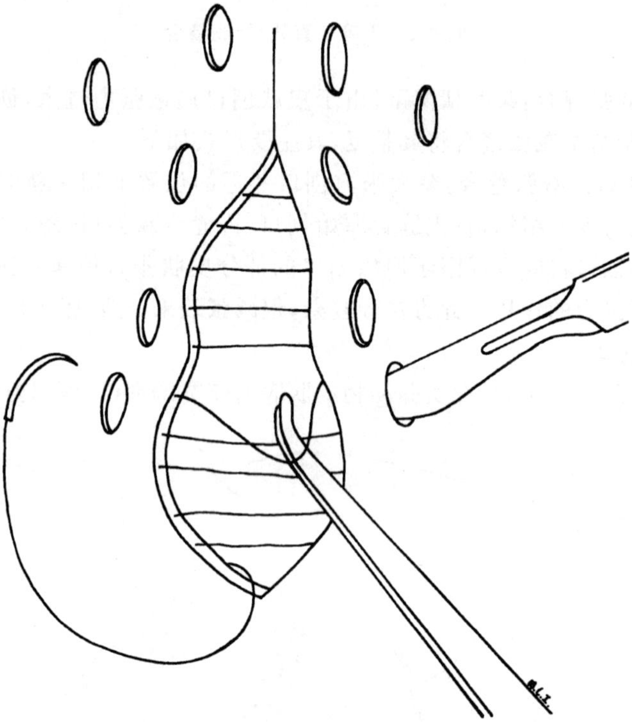

图 5-4 多孔减张缝合

C. V-Y 式减张缝合:在大张力创口邻近的位置剪切一新的 V 形切口(长度略短于原始创口),分离两切口之间皮肤与皮下组织,首先缝合原始创口,此时由于皮肤的张力原因,新创口呈现为不等长 V 形创口,将新创口的三个角分别向中间缝合,最终呈现 Y 形,如图 5-5 至图 5-8 所示。此方法复杂,但减张效果很好,张力分解方向易于控制,创口不易感染。

学生在实际操作中，可在实验动物皮肤表面较宽阔部位，模拟剪切如图 5-5 至图 5-8 所示的创口，选择适宜的缝针与缝线按照图示的方法将其缝合。

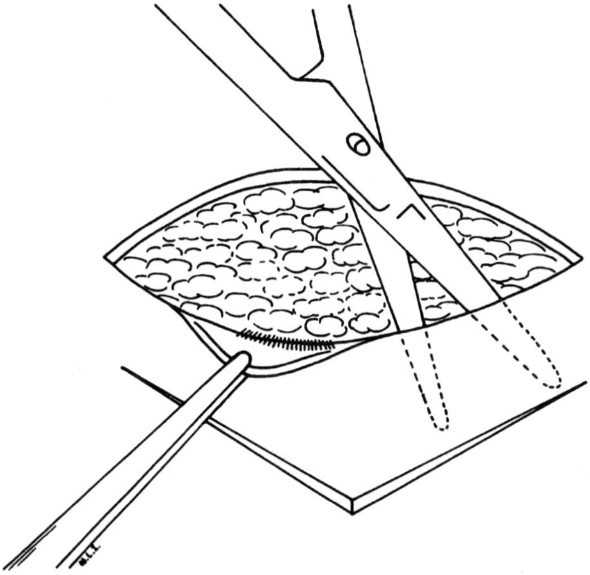

图 5-5　V-Y 式减张缝合 1

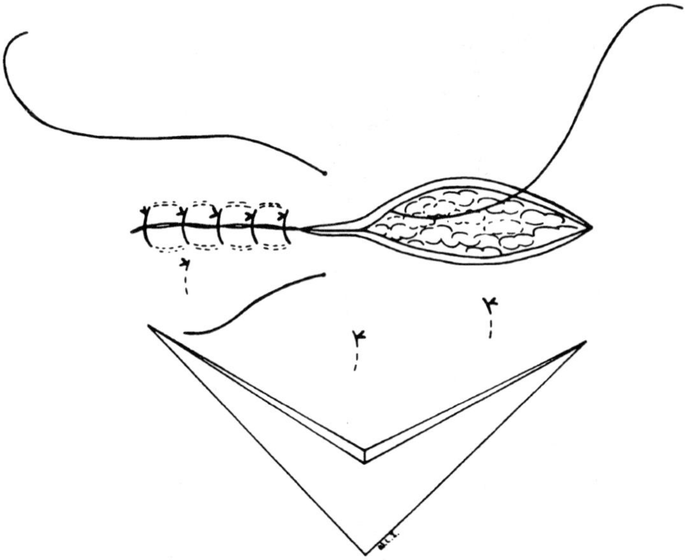

图 5-6　V-Y 式减张缝合 2

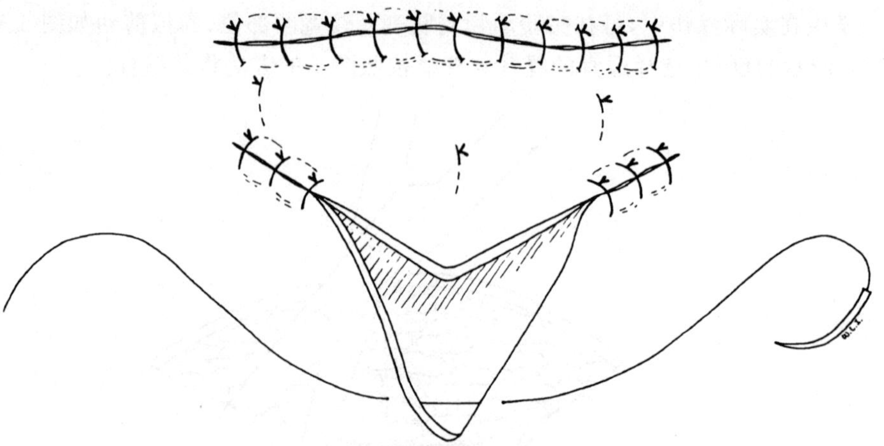

图 5-7　V-Y 式减张缝合 3

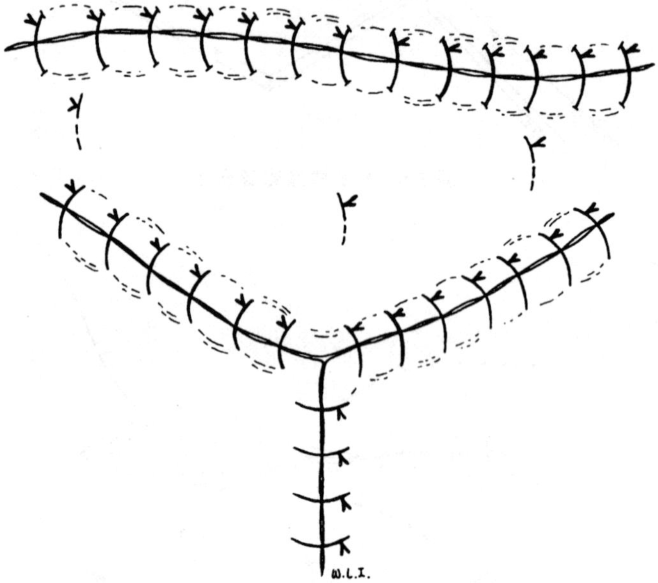

图 5-8　V-Y 式减张缝合 4

(4)圆形外伤减张缝合:包括先缝后修法和先修后缝法。

A. 先缝后修法:对于较小的圆形或近圆形皮肤缺损,可以应用如图 5-9 所示的减张缝合方法进行缝合。首先在垂直张力线的方向的伤口中点进行结节缝合,然后依次向两方向缝合伤口,最后将伤口末端的皮肤皱褶切除并缝合修正的创口,以期达到平整无突起。

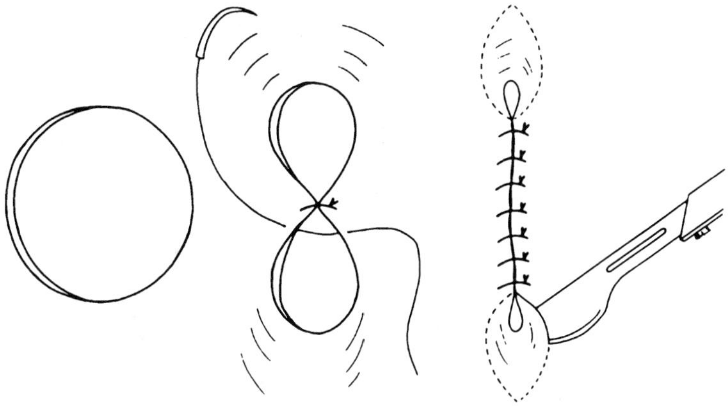

图 5-9　先缝后修法

B. 先修后缝法：对于直径超过 4 cm 的圆形或近圆形皮肤缺损，可以应用如图 5-10 所示的减张缝合方法进行缝合。首先在与张力线夹角为 45°的轴线方向两侧剪切如图的两折线形切口，然后推拉各折角进行结节缝合，最后依次缝合全部创口。修整创口的目的是将可能引起创口撕裂的皮肤张力，通过具有夹角的折线缝合进行力的分解削弱。

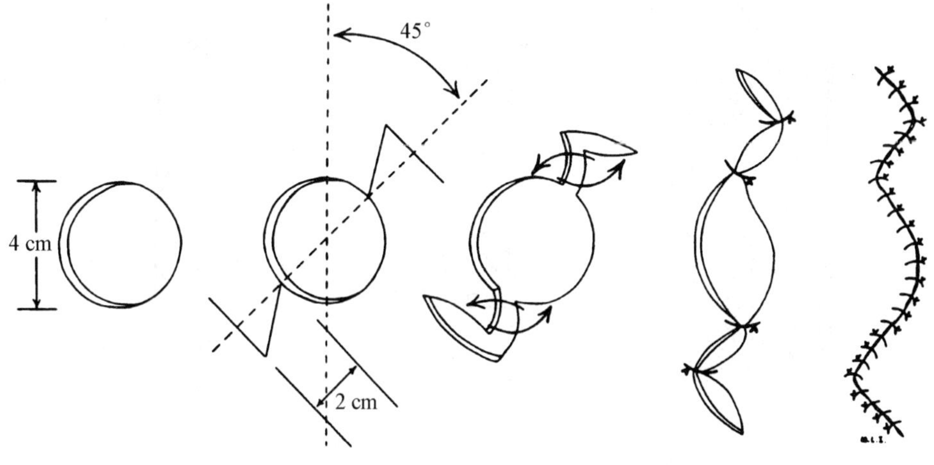

图 5-10　先修后缝法

(5) 三角形外伤减张缝合：对于三角形或近三角形皮肤缺损，可以应用如图 5-11 所示的减张缝合方法进行缝合。以结节缝合方式依次由外向内缝合创口，构成 Y 结构，注意最后一针的缝合应将 Y 形的三个夹角进行皮内缝合。

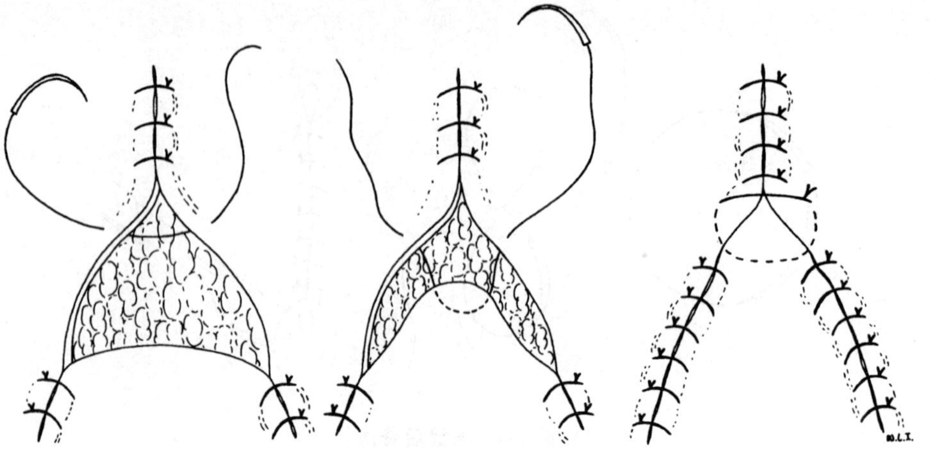

图 5-11 三角形外伤减张缝合

(6)矩形外伤减张缝合:对于矩形或近矩形皮肤缺损有多种缝合方法,最简便且最常用的方法是图 5-12 所示的减张缝合方法。此方法基本与三角形创口减张缝合方法相似,可以近似看做两个三角缝合的组合缝合。本方法适用于矩形长轴平行于张力线的减张缝合。

图 5-12 矩形外伤减张缝合

(7)皮瓣移植减张缝合:当出现创口长轴方向与张力线垂直或创口过大、周边张力过大的情况时,应使用如图 5-13 所示的皮瓣移植减张缝合术。即在与原创口有一定夹角(90°最佳)的方向或皮肤张力较小的方向剪切并分离一块与原创口大小相似(或略小)的皮肤,将其扭转牵拉覆盖于原创口与创缘进行缝合,然后缝合新创口,剪切修整突起的皮肤皱褶,最终完全缝合。

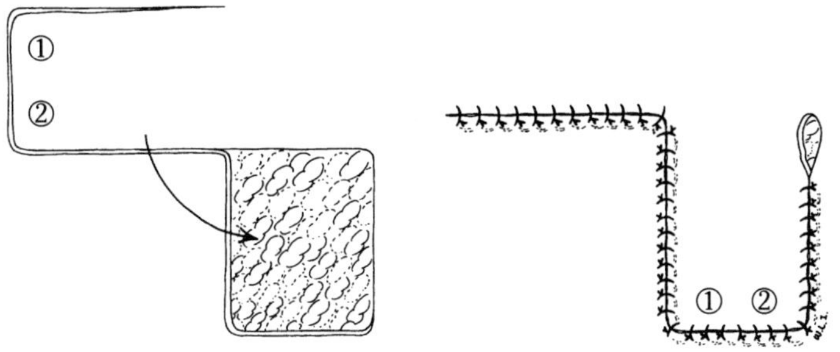

图 5-13　皮瓣移植减张缝合

实习注意事项

1. 注意缝合过程中可能引起的新的皮肤畸形与皮肤损伤。
2. 注意减张缝合过程中的减张不足与减张过度。
3. 操作过程中注意无菌操作技术。
4. 操作时间较长,伤口长期暴露易引发干燥坏死,注意爱护组织、及时保湿。

实习六 肿瘤的外科鉴别与治疗技术

实习目的

通过对临床常见的肿瘤进行问诊、视诊和触诊，进一步明确肿瘤的分类、命名原则和治疗方法；学习肿瘤的常用检查方法，能对常见的良性、恶性肿瘤做出初步的诊断并提出可行的治疗方案。

实习方法

先由教师结合理论课知识，借助图片讲解肿瘤的分类和命名标准，肿瘤性疾病的各种治疗方法及其相应的适应症。然后对学生进行分组，使用患病动物进行肿瘤的外科鉴别和诊断方法以及常用的肿瘤诊疗操作技术的学习。

实习内容

- 肿瘤的分类和命名标准
- 肿瘤性疾病的各种治疗方法及其相应的适应症
- 肿瘤的外科鉴别和诊断方法
- 临床常用的肿瘤诊疗操作技术

实习对象

兽医院就诊的患病动物。

实习材料与器械

75%酒精、2%碘酊、棉球、846合剂、剃毛刀片、注射器、载玻片、盖玻片、瑞氏染液、显微镜、灭菌手术器械等。

实习步骤

1. 良性和恶性肿瘤的鉴别：通过病史调查和常规的体格检查对肿瘤的性质进行初步的判别。认真记录患病动物的年龄、品种、饲养管理、病程及病史；判断肿瘤的发生部位、大小、形状、质地、表面温度、有无包膜以及游离程度；判断有无局部淋巴结肿大等。

良性肿瘤多呈膨胀性生长，瘤体发展缓慢，外周有结缔组织增生形成的包膜，表面光滑，不发生转移；恶性肿瘤多为浸润性生长，生长较快，与周围组织界限不清，无包膜，表面常不完整，常发生其他组织器官的转移，肿瘤组织常伴有出血或坏死。

2.肿瘤的诊断技术：

(1)活组织检查：取肿瘤组织块、穿刺物、刮落或者脱落的细胞碎片，用瑞氏染液进行染色，显微镜下观察细胞形态，判断细胞类型。

(2)影像学检查：对患病动物进行X线检查，判断肿瘤的发生部位和肿瘤的形态；对疑似腹腔肿瘤的动物进行B超检查，判断肿瘤发生的部位、大小及其基本的性状。

3.肿瘤治疗方法的临床观察：

(1)手术疗法：对多数已确定肿瘤范围的良性肿瘤通过手术的方法进行摘除是最为有效的临床治疗方法；对于恶性肿瘤或有恶变倾向的肿瘤，若尚未发生扩散和转移，应酌情连同肿瘤周围的健康组织以及淋巴结一并切除。

(2)放射疗法：放射疗法是用放射线杀灭肿瘤细胞的方法，主要用于对局限性的病灶进行治疗，如皮下、软组织、神经组织、圆形细胞肿瘤的治疗以及内脏和骨骼系统肿瘤的姑息性治疗。

(3)化学疗法：用于不宜进行手术的患病动物或作为手术和放射疗法的辅助性治疗方法。化学疗法是一种用细胞毒性药物对转移性病灶进行预防或治疗以减轻肿瘤的相关症状的方法，通过轻度至中度毒性的化学药物对肿瘤细胞DNA的复制进行干扰和诱导细胞的凋亡来达到杀伤肿瘤细胞的目的。

实习注意事项

1.注意对局部的淋巴结进行检查，判断病症的缓急以及是否有肿瘤细胞的淋巴浸润。

2.对肿瘤患病动物的肺部进行X线检查，判断是否有肿瘤的肺组织转移。

3.肿瘤的发生常伴有血管的增生，故应确实地结扎主要的供应血管，并在分离的过程中注意止血。

实习七　皮肤病的临床诊断与实验室检查技术

实习目的

通过实习，熟悉和掌握各种皮肤病的临床诊断与病原微生物检查方法。

实习方法

先由教师结合理论课知识，讲解常见的皮肤病诊断方法与皮肤刮片检查方法，着重讲解皮肤病原细菌、真菌、螨虫的鉴别诊断，再将学生分组进行实验动物的实际操作。

实习内容

- 皮肤检查法
- 皮肤刮片检查法实际操作
- 常见皮肤病原细菌、真菌与螨虫的鉴别诊断
- 伍德氏灯检查法

实习对象

成年实验犬，皮肤真菌病患犬。

实习材料与器械

皮肤检查镜、显微镜、伍德氏灯、10 号钝头手术刀片、备毛剪、手术镊、酒精棉球、10%KOH 溶液、载玻片、盖玻片、矿物油与生理盐水。

实习步骤

一、皮肤检查法

动物皮肤检查法是一套完整细致的检查方法，需要细心识记。皮肤检查记录单见附录一。

1. 获取完整的治疗史：

(1)注明动物的年龄、性别和品种。

(2)记录详尽的皮肤病与治疗史。

(3)皮肤病史的获取应做到动物之间的一致性。

2. 总体皮肤检查：

(1)在几米远的距离外对动物进行整体观察。

(2)观察动物总体的健康及行为态度的表现。

(3)确定皮肤病的种类：总体的还是局部的；两侧对称的还是单侧不规则的。

3. 局部详细皮肤检查：

(1)触摸皮肤和被毛，确定其质地、弹性和皮肤的厚度。

A. 标注毛发是否粗糙或良好，干性或油性以及毛发脱落的难易度。

B. 感觉皮肤温度是否正常。

(2)检查每一部分皮肤和黏膜。

A. 注意毛发的稀疏度。

B. 细心地分开毛发有助于发现一些隐藏的病症。

C. 确定病灶是否有别于其他身体部位而成为一个特殊的区域。

4. 辨别原发和继发损伤：

(1)原发损伤：由潜在的疾病直接引起并转化为某种特殊的皮肤病。

A. 斑点：斑点是圆形、不隆起、颜色出现变化的区域。当此区域直径小于 2 cm 时称斑点，大于 2 cm 时称斑。

B. 丘疹：丘疹是较小的、表面坚硬的皮表突起，直径一般小于 1 cm。丘疹斑是由较大的但蔓延较广的丘疹构成的顶部平的损伤。

C. 脓疱：皮肤表面小的隆起，内含脓汁。脓疱可以局限于表皮内或毛囊内。

D. 结节：结节是较小的圆形坚硬突起，通常直径大于 1 cm，并往往延伸至深层皮肤。

E. 肿瘤：肿瘤是皮肤与体表组织皆可生长的较大隆起。

F. 水泡：水泡是明显突出于体表的隆起，内含清亮液体。当水泡直径大于 1 cm 时称大疱。

G. 台状隆起：台状隆起是内含水肿的平台样突起。

(2)继发损伤：由原发皮肤病或是由某些特殊因素，例如外伤时间的推移或药物而引起的病症。

A. 鳞屑：鳞屑是一种松散的皮肤角质层结构的病理性堆积。

B. 痂：痂是由渗出物、血清、脓汁、血液细胞、鳞屑或药物干燥后相混合而黏着于皮肤被毛之上的病理产物。

C. 疤痕：疤痕是由结缔组织代替受损的皮肤及黏膜的组织区域。

D. 糜烂/溃疡：溃疡是皮肤的连续性遭到破坏从而使皮下组织暴露于外。糜烂是损伤较浅的溃疡但未穿透基板区，因此愈后往往无疤。

E. 黑头粉刺：黑头粉刺是角化细胞与皮脂的混合物堵塞膨胀的毛囊而产生的。

F. 皲裂：皲裂是呈线状的皮肤皱裂(有时延伸至真皮层)，一般由外伤引起。

G. 表皮脱落：表皮脱落是表层皮肤的损伤，通常由抓、咬伤引起。

H. 苔藓样变：以皮肤表面增厚、变硬、粗糙为特征的病理变化。

I. 色素沉着/色素减退：色素沉着是皮肤黑色素堆积，而色素减退则是皮肤黑色素缺乏。

J. 角化过度/硬皮病：角化过度是指角质层的过度堆积，硬皮病是当角化过度超过一定压力范围的区域性病变。

5. 识别各种皮肤病的特征：

(1)确定损伤的构造及部位区域(单独的或大量的，集中的或分散的，成群的或融合的，线状的、环状的或多形状的，有无中心愈合过程)。

(2)通过触诊确定病灶的深度(外围、表面和底部)与质地构造(硬结的、柔软的、流动液态的、萎缩的或边缘卷起的)。

(3)通过观察确定病灶的表面质地情况(干燥、湿润、细腻的、渗出性、出血的、被继发感染的或是脓性的)。

(4)注明病灶颜色(红斑、紫罗兰色、黄色、棕色、白色、灰色和/或黑色)。

6. 问诊：

(1)对于动物的皮毛，哪方面是最明显的变化？

(2)目前为止，皮肤问题已持续了多长时间？以前是否患过皮肤病？

(3)皮肤病是突然还是逐渐发生的？

(4)是否间歇式的发作？

(5)宠物是否会季节性或每年定期在某一阶段发病？

(6)身体上哪些区域表现出症状？

(7)动物是否抓挠、擦、咬或舔自己？这些情况 1 h 发生多少次？是否动物影响主人的休息与睡眠？

(8)是否出现掉毛？如果是，那么是由动物自己造成的还是毛本身的脱落？

(9)毛与皮肤是否有颜色的改变？

(10)其他与患病动物一同居住的动物是否也患有皮肤病？宠物是否有机会暴露于其他动物(养殖场动物、野生动物)？

(11)动物的其他亲属是否有皮肤病？

(12)宠物主人家庭中是否有人患皮肤病？

(13)问清动物至少 1 年的食物来源与饮食习惯。

(14)问清动物在户内与户外所占的时间百分比。

(15)动物在室内经常接触何种东西(如毛毯、被褥等)?

(16)动物在室外接触什么?问清动物是用皮带拴住散步还是在有围墙的院子里散步,或自由放养,曾用什么当被褥。

(17)是否曾患跳蚤或蜱症?

(18)问清原来如何治疗,用何种药及治疗时间。

(19)以往治疗是否有效?

(20)动物现在是否还在接受治疗?(如果是,则问询是哪一种治疗)

(21)动物是何时、用何种方法进行最近一次治疗的?

(22)动物是否有其他用药隐患(包括过敏与药物禁忌)?

(23)动物是否还有其他反常的临床症状?

7.实验室检查:进行特殊的实验室检查对于皮肤病的诊断是十分必要的,主要包括皮肤刮片检查、伍德氏灯检查、微生物培养、皮肤组织学检查、过敏性皮试、血清过敏试验等。在本次实习中,要求学生掌握并实践皮肤刮片检查,这是临床最常用的皮肤实验室检查方法。

二、皮肤刮片检查法实际操作

1.人员分组与术前准备。

学生分为 6 组,每组 4~5 人,轮流进行操作。每组 1 只实验犬,绷带捆绑嘴部(图 7-1),俯卧保定。

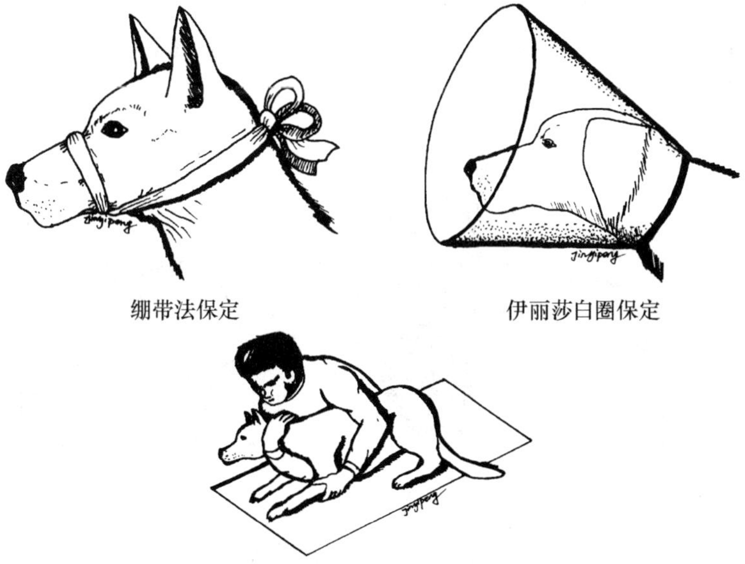

图 7-1　犬的保定技术

2.皮肤、毛发、耳道分泌物样品的刮取与收集。

对于皮肤样品的收集,可使用10号灭菌钝头手术刀片,如图7-2所示,与皮肤呈90°夹角刮取病变皮肤的皮屑、组织渣、脓血或分泌物等。要求始终沿同一方向运刀,不得有切割运动,力量均匀柔和。一般要求将皮肤刮到渗血为止。

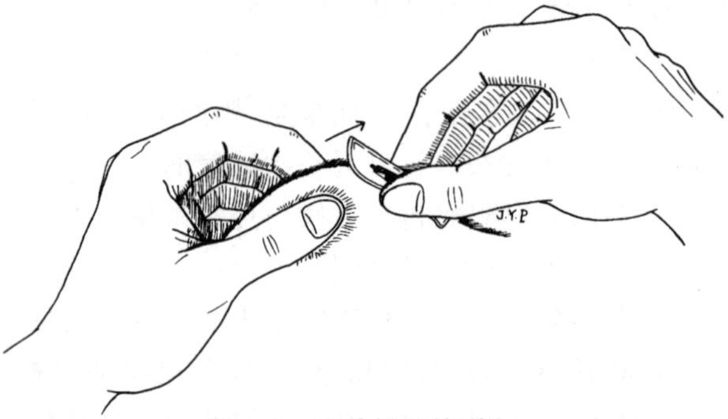

图7-2 皮肤样品的刮取

对于毛发的收集,可使用灭菌无齿手术镊拔取患部毛发4～5根。要求拔取整根毛发,最好连带部分毛囊结构。

对于耳道分泌物的收集,可使用灭菌棉拭子伸入耳道深处,蘸取耳垢与分泌物(图7-3)。要求动作柔和,不可粗暴操作,以免损伤耳道。

3.制样与镜检技巧。

镜检前,将上一步的收集物置于载玻片之上(液性样本可进行涂片)(图7-4),

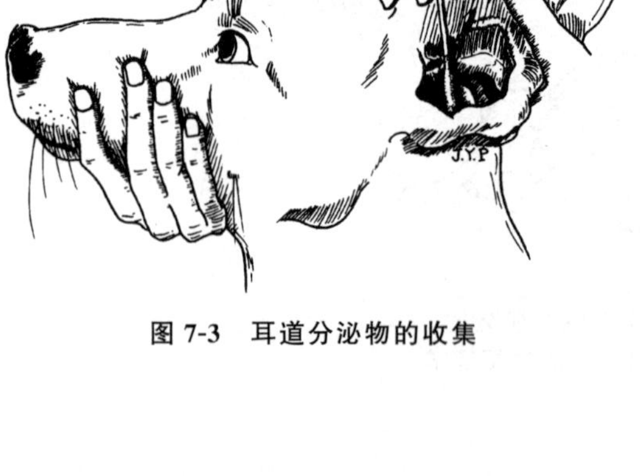

图7-3 耳道分泌物的收集

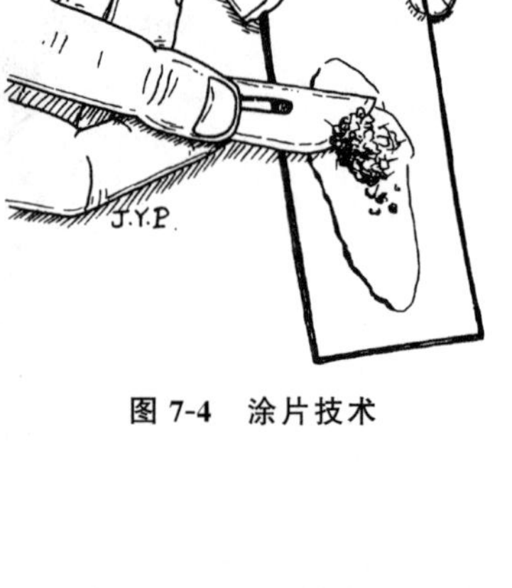

图7-4 涂片技术

根据需要滴加生理盐水、染色剂或10%KOH，盖上盖玻片静置5 min，镜检观察。

常规状态观察受检物，如脓血、少量皮屑，滴加生理盐水。当皮屑较厚、毛发较粗时，可滴加10%KOH溶解角质结构，使其透光性增强，便于检验。当怀疑待检样品受到微生物感染时，可进行染色检查，如革兰氏染色、瑞氏染色、乳酸酚棉蓝染色等。

镜检时，按照由低倍到高倍再到油镜的顺序进行观察。应进行连续的视野观察，不得跳跃性观察，一般观察15～20个视野，必要时可进行全面观察。镜检主要针对具有临床意义的微生物、脓细胞、白细胞、破损组织等进行观察，并详细记录镜检结果。

4. 常见皮肤病原细菌、真菌、螨虫及具有临床意义可疑物的鉴别诊断。

皮肤镜检时要根据图片，主要从形态上区分疥螨（图7-5）、蠕形螨（图7-6）、姬螯螨（图7-7）、跳蚤（图7-8）、虱子（图7-9）、蜱（图7-10）、酵母样真菌（念珠菌、马拉色菌）（图7-11）、丝状真菌（犬小孢子菌、石膏样小孢子菌）（图7-12和图7-13）、杆状细菌、球状细菌等。

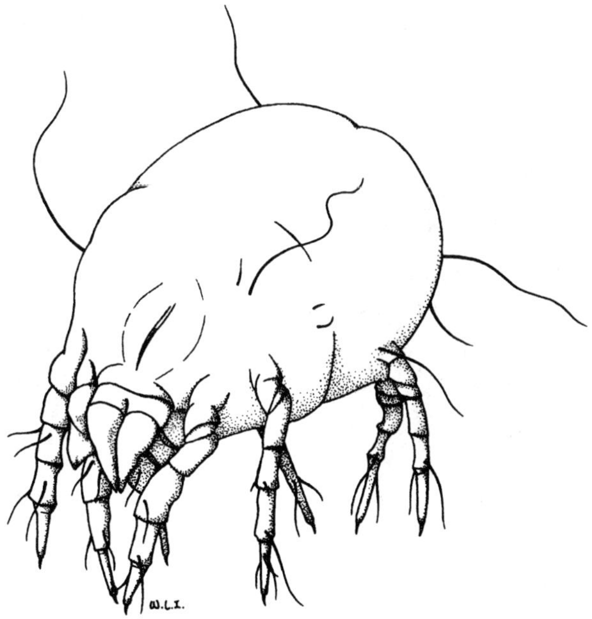

图7-5　疥螨

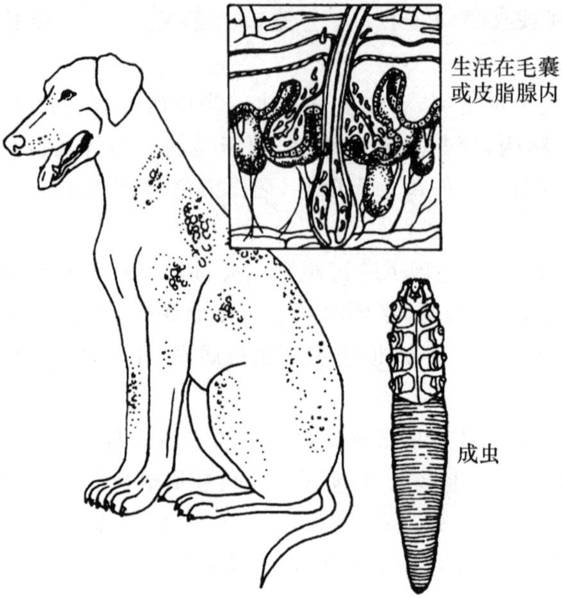

图 7-6 蠕形螨

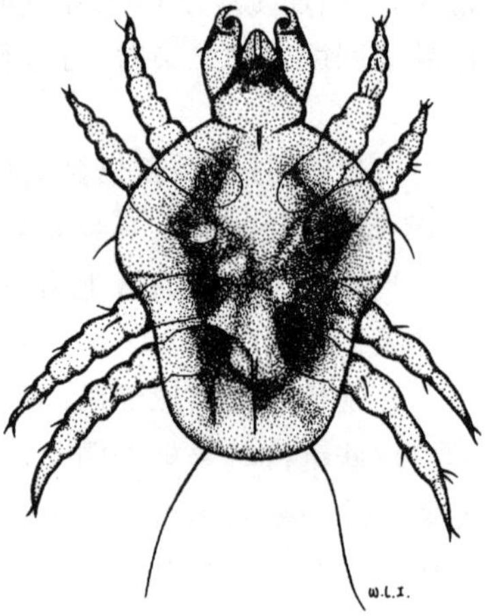

图 7-7 姬螯螨

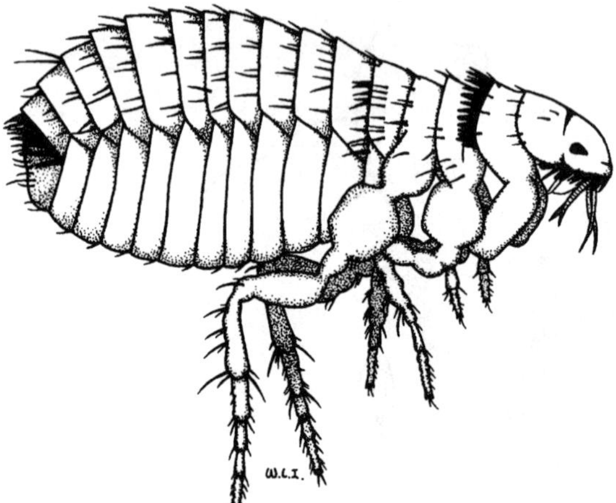

图 7-8 跳蚤

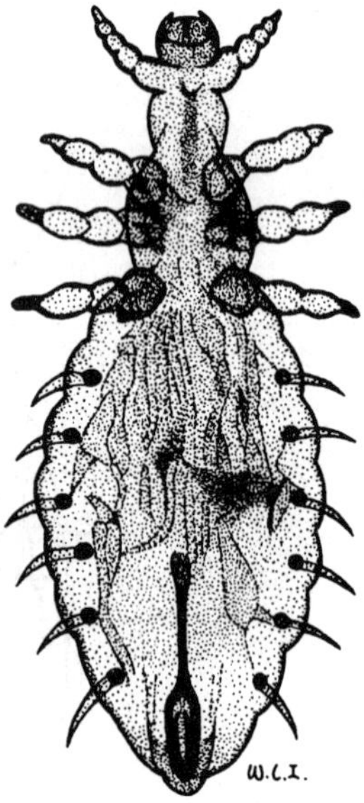

图 7-9 虱子

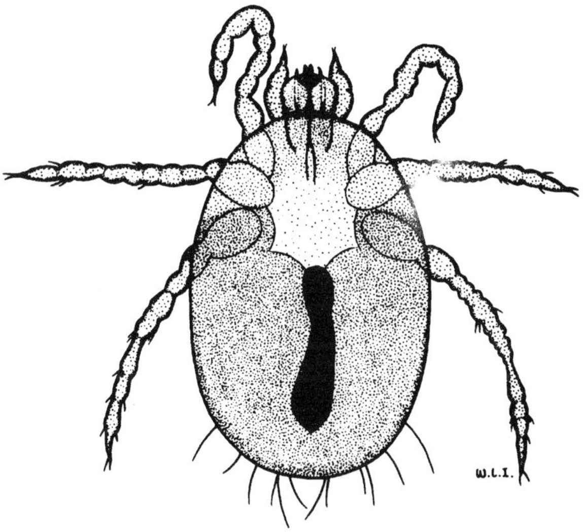

图 7-10　蜱

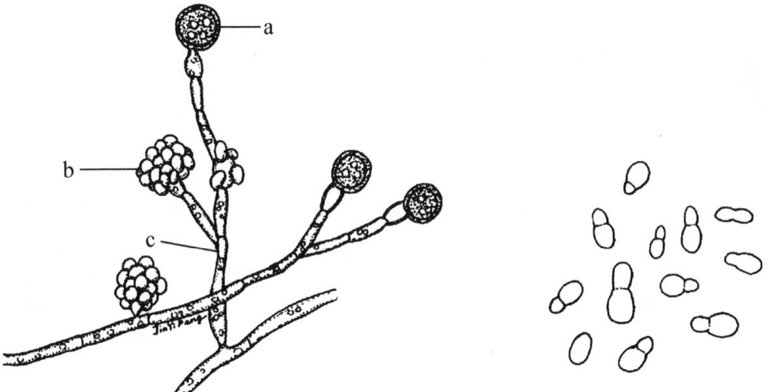

油镜下白色念珠菌　　油镜下马拉色菌

a. 厚壁孢子　b. 孢子丛　c. 假菌丝

图 7-11　酵母样真菌

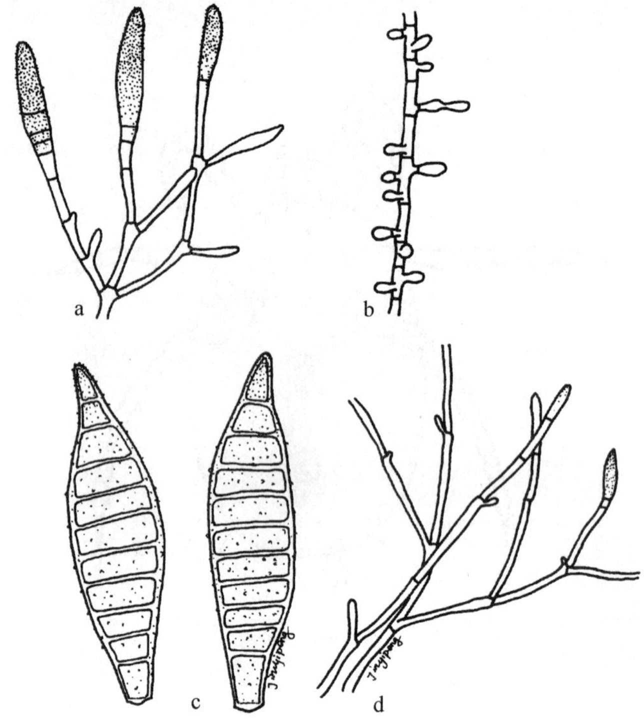

a. 分生孢子　b. 小分生孢子　c. 大分生孢子　d. 菌丝

图 7-12　犬小孢子菌

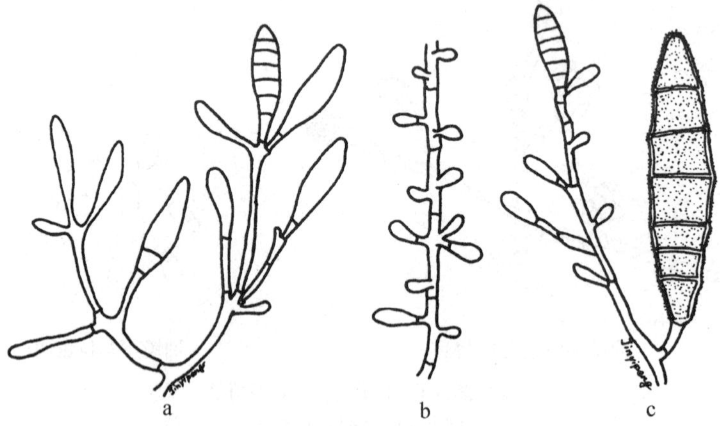

a. 分生孢子　b. 小分生孢子　c. 大分生孢子

图 7-13　石膏样小孢子菌

三、伍德氏灯检查技术

1.伍德氏灯可以发出波长为 252.7 nm 的紫外光，大多数皮肤真菌病致病菌可以在其照射下，显现出荧光，因此皮肤病检查中常进行此项检查，作为辅助诊断(图 7-14 和图 7-15)。

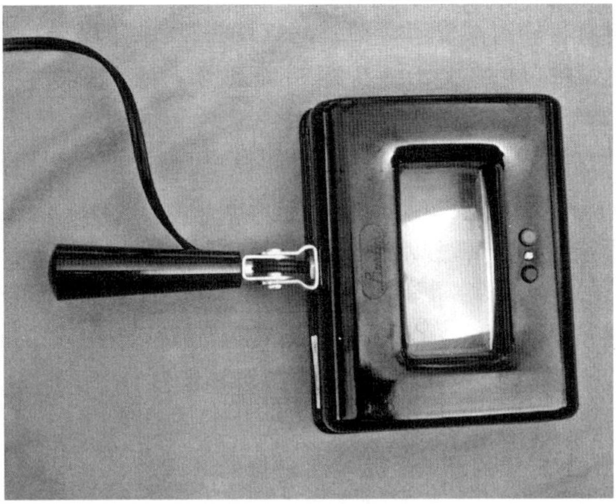

图 7-14　伍德氏灯

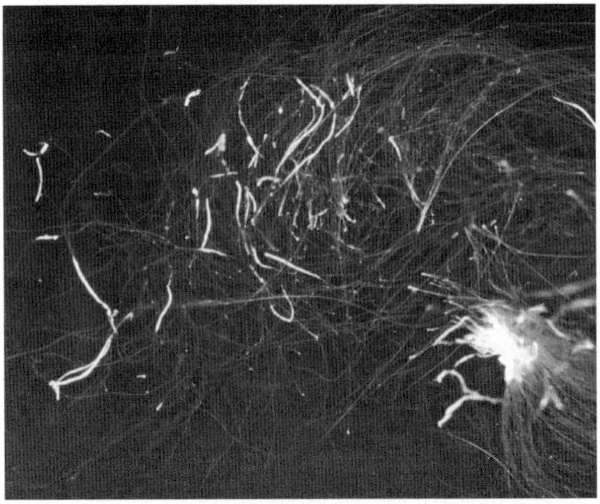

图 7-15　被真菌感染的毛发的荧光反应

2.伍德氏灯检查应在暗室环境中完成，如果没有单独的检查用暗室，可以在X线洗片室内进行。

3.连通伍德氏灯电源，打开开关，预热5 min。

4.照射患病动物体表的可疑病灶区。

5.当观察到动物皮肤病灶出现荧光时，记录荧光颜色，结束操作。

6.皮肤真菌病致病菌产生的荧光颜色包括蓝色、苹果绿色，但在某些药物、血污、浴液的干扰下，可以出现假阳性结果。

实习注意事项

1.保定确实，以防误伤人员与动物。

2.刮伤皮肤后，需进行常规消毒。

实习八 眼科检查技术

实习目的

通过实习，掌握常规眼科检查方法，熟悉常见眼科检查器械的使用。

实习方法

先由教师结合理论课知识，讲解常见常规眼科检查方法，再将学生分组进行实验动物的实际操作。

实习内容

- 眼部一般检查方法
- 眼部器械检查

实习对象

实验犬。

实习材料与器械

笔灯、眼压计、裂隙灯显微镜、直接检眼镜、双目间接检眼镜、前置镜、荧光素钠试纸条、STT 试纸条、氯霉素眼药水、0.5%托吡卡胺眼药水、0.5%丁卡因眼药水。

实习步骤

一、眼部一般检查方法

眼的一般检查是凭视力和触摸，从外部对眼进行检查。在检查时要按一定的顺序和方法进行，才能得出正确的诊断。眼的一般检查，应当系统地先右后左、由外向内按顺序进行，才不会遗漏重要的体征。当然也应具体情况具体对待。对有穿破伤或深层角膜溃疡的眼，切忌压迫眼球(如翻眼睑等)，以免加重损伤；对疼痛较重或刺激症状较明显而主要诊断已经明确者，可先做处理，待症状缓解后再做进一步检查；如果诊断尚未明确，可滴 0.5%丁卡因眼药水 1～2 次，在表面麻醉下进行检查。眼科检查记录单见附录二。

1. 视诊：在安静明亮的场所，将动物头部向着自然光线，由外向内逐步进行。

(1)眼睑与眼球：检查眼球与眼睑、眼眶的关系，眼裂大小、眼睑开闭情况，眼睑有无外伤、肿胀、凹陷、新生物以及内外翻情况。检查眼球的大小,有无萎缩、膨大、突出、凹陷、偏斜或震颤,以及其活动情况如何。检查第三眼睑是否有外伤、脱出、畸形等情况。检查睫毛情况,是否存在倒睫、双排睫、异位睫。

(2)泪器:检查泪阜的颜色及有无肿胀,泪点有无缺如,泪囊部有无肿胀、脓肿等,鼻泪管系统(图 8-1)是否通畅。

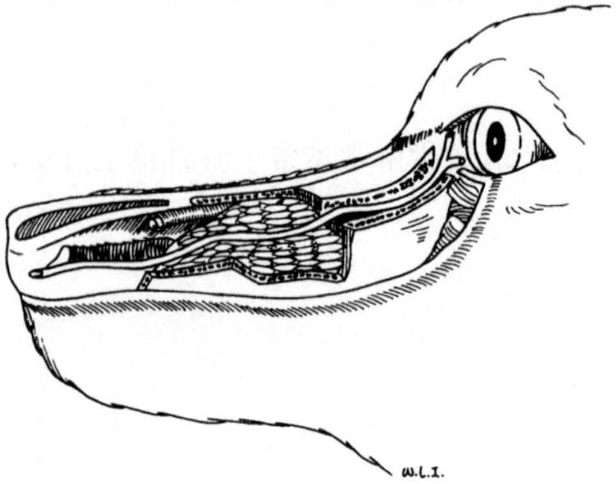

图 8-1 鼻泪管系统

(3)结膜:检查结膜颜色,有无充血及充血类型。球结膜有无水肿、干燥、血管异常、结膜下出血或色素斑,结膜囊内有无异物、分泌物或寄生虫,属何性质。睑结膜血管是否清晰,有无乳头肥大、滤泡增生、麦粒肿或霰粒肿、瘢痕形成或睑球粘连。

(4)角膜:检查角膜有无外伤,表面光滑程度,浑浊程度,有无新生血管或赘生物。

(5)巩膜:检查其血管变化。

(6)前房:检查前房透明度与深度,有无炎性渗出物、血液或寄生虫。

(7)虹膜:检查虹膜颜色和纹理,有无新生血管、结节、震颤、撕裂、穿孔或异物,与角膜或晶状体有无粘连。

(8)瞳孔:检查瞳孔大小、形状、位置,两侧是否对称,对光反射是否敏感。

(9)晶状体:检查晶状体位置,有无浑浊和色素斑点存在,可使用散瞳药以便观察。

(10)玻璃体:检查玻璃体是否透明,如有浑浊,应注意其性质、形状、大小、位置、程度、活动度,有无纤维增殖、新生血管。

2. 触诊:检查眼睑是否肿胀,眼睑温度,眼的敏感度,以及眼内压的增减。

3. 视觉功能检查:主要检查动物是否失明,检查方法一般有以下几种:在动物行走时观察其是否能躲避障碍物;在被检眼前晃动手指,视其眼球是否跟随运动;向被检眼迅速轻微移动手或手指,视其是否有眨眼反射。瞳孔对光反射并不能证明视力存在与否。检查一侧眼时应遮住对侧眼。

二、眼部器械检查

1. 用光源检查:用笔灯光源从侧方直接照射,进行眼前节的检查。

2. 眼内压测定:用眼压计测量眼内容物对眼球壁产生的压力。

以 TonoVet 触碰式眼压计为例,首先用 0.5% 丁卡因眼药水对待测眼进行表面麻醉,在眼压计内装入一次性探针,按测量键开启眼压计并保持眼压计为竖直状态,以防探针意外掉出,当显示“00”时准备测量。待犬镇静后,使犬口鼻部朝向前方,如图 8-2 所示,将眼压计靠近待测眼角膜,使探针垂直于角膜中心。探针距离角膜表面 4～8 mm,轻按测量键,探针会垂直击中角膜中心表面,完成一次测量。连续测量 6 次后,眼内压显示在显示屏的“d”字母后,单位为毫米汞柱(mmHg)。犬的正常眼压范围为 15～25 mmHg,猫的为 14～26 mmHg。眼内压的测定对诊断青光眼有重要意义。

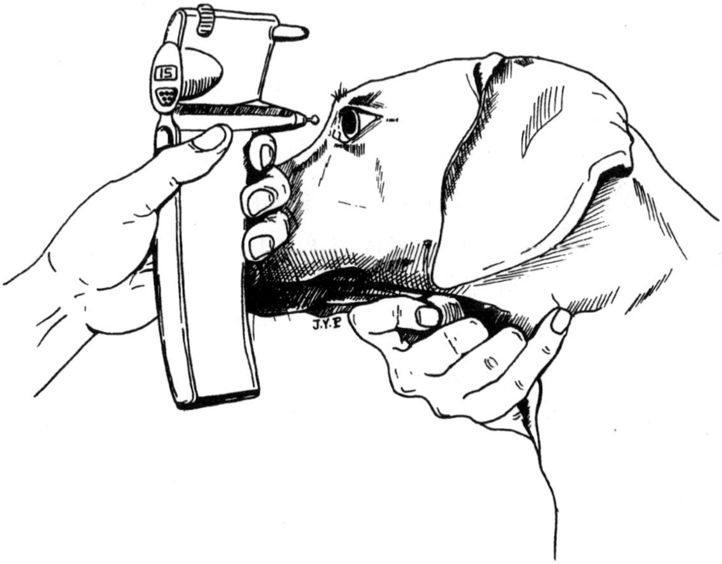

图 8-2　眼内压测定

3. 裂隙灯显微镜检查:裂隙灯显微镜是裂隙灯与显微镜合并装置的一种仪器,裂隙光线可在透明的眼组织上形成“光学切面”,在显微镜下比较精确地观察一些细微的病变。裂隙灯显微镜主要用于眼前节的检查,应在暗室中进行。

裂隙灯显微镜的检查方法有数种，最常用的为直接焦点照射法。首先调整好光源强度、光源色彩，将光源裂隙调至需要的宽度后，使光线来自颞侧，与显微镜成40°～45°夹角，调整显微镜与角膜的距离，直至观察到清晰的图像。此方法可检查角膜的各层结构，前房深度及是否闪辉，虹膜表面结构，晶状体前囊及晶状体的透明度等，更重要的是由于裂隙灯显微镜可以使检查者观察到眼前节的纵向剖面结构，从而更好地对病变进行定位。角膜病变如图 8-3 所示。

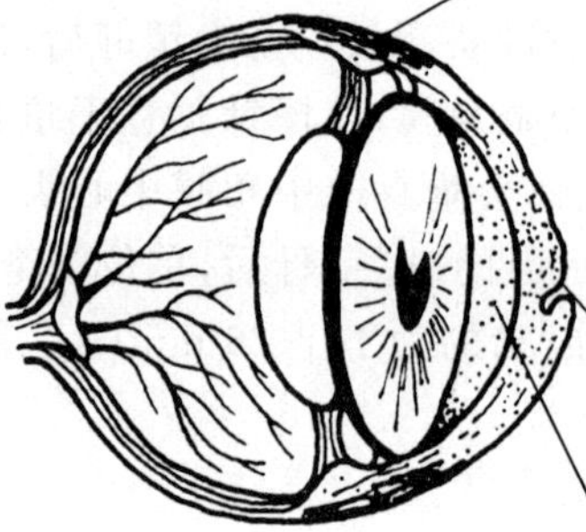

图 8-3　角膜病变

4. 检眼镜检查：检眼镜种类很多，可分为直接检眼镜和间接检眼镜，主要用于观察眼底。用直接检眼镜所看到的眼底像是较原眼底放大约 16 倍的正像；用间接检眼镜所看到的眼底像是放大 4～5 倍的倒像。不论何种检眼镜，都具有照明系统和观测系统，都应在暗室中进行眼底的检查。

(1)直接检眼镜检查：常用的 May 氏检眼镜为直接检眼镜，由反射镜和回转圆板组成。圆板上装有一些小透光镜，若旋转该圆板，则各透光镜交换对向反射镜镜孔。各小透光镜均记有正(＋)、负(－)符号；正号多用于检查晶状体和玻璃体，负号用于检查眼底。

检查前 20～25 min，应向被检眼滴入 0.5% 托吡卡胺 4～5 次，每次间隔 5 min，用以散瞳。检查时由助手保定犬头部，检查者站于犬右(左)侧，右(左)手持检眼镜靠近犬右(左)眼 1～2 cm，使光源对准瞳孔，打开开关让光线射入患眼，调整转盘直至获得清晰的眼底图像，检查者用右(左)眼由镜孔通过瞳孔观察眼内及眼底情况，应上、下、左、右移动检眼镜比较观察。

(2)间接检眼镜检查：双目间接检眼镜(图 8-4)用双目同时观察，具有明显的立体感，可以分辨眼底病变的层次，病变隆起及凹陷程度。其照明光线强，视野宽，景深大，成像清晰，是提高眼底疾病诊断和治疗水平的基础。但间接检眼镜成像放大倍数较小，有时不易分辨眼底的一些细微变化，而且形成的是倒像，初学者学习使用有一定困难。

图 8-4　双目间接检眼镜

检查前 20～25 min，用 0.5%托吡卡胺充分散瞳。助手保定犬头部，检查者头戴双目间接检眼镜，检查者与犬相距约 40 cm，调整光线方向，使其射入瞳孔区，检查者再手持一前置镜(通常为+20D 的凸透镜)，置于被检眼前，前后调节前置镜与被检眼的距离，即可看清眼底。

玻璃体检查：玻璃体是一种透明的胶质样物质，位于晶状体后面，其容量为眼总容量的 4/5。它是屈光结构之一。玻璃体的异常包括出血、细胞浸润和出现不规则的线条。大多数纤维性线条的出现与老龄动物玻璃体的退行性变性有关。

健康犬的眼底：犬的视神经乳头略呈蚕豆状，偏靠鼻侧。明(绿)毯一般终止于视神经乳头上缘水平处，根据动物的年龄、品种和毛色不同，明毯呈现黄色(金黄色、杂色被毛)、绿色(黑色被毛)、灰绿色(红色被毛)等各种颜色。暗(黑)毯部的颜色也与被毛颜色有关，呈黑色、淡红色或褐色不等。三束动静脉血管自视盘中央几乎呈 120°角向三个方向延伸，其中一束向上、向颞侧延伸，其他两束向暗毯部延伸。

猫的眼底：猫的视神经乳头几乎为圆形，颜色多为乳白色或淡粉色。由于毛色不同，明毯的颜色为黄色、淡黄色、黄绿色或天青色不等。暗毯部面积较小，颜色为蓝色、黑褐色不等。血管分布不像犬那样有规律。较大的血管一般为 3～4 束，视网膜中央区位于视盘的颞侧，周围血管较多。

马的眼底：

明毯：占眼底的较大面积，呈鲜明光辉样外观。其颜色各种各样，倾向于黄色、微黄绿色、微黄蓝色，有时在同一匹马的左右眼底明毯的颜色也不相同，有许多红色、绿色或蓝色的星状斑点(即 Winslow 氏星)散在于明毯上。

暗毯：检查眼底的下方，可以看到暗黑色面，这就是暗毯。因明、暗毯之间的色泽不同，就像有一条近乎水平的直线将两毯分开似的。

视神经乳头：马的视神经乳头一般多位于眼轴的下外方，呈横卵圆形，约 6 mm×4 mm，横径与纵径的比例为 3∶2。可看出外、中、内 3 层结构。外层是呈淡白色围绕视神经乳头的环状结构；中层呈赤色，但接近内层处的色彩则稍淡，有很多毛细血管，比内层稍凸起；内层呈微黄白色，呈星芒状收缩。由视神经乳头向四周有呈放射状的 20～30 条小血管(动脉和静脉)，每条血管又有树枝状分支，在两侧眼内眦与眼外眦方向的血管较长，向上、向下的血管较短，终止在明毯或暗毯。

5. 荧光素染色检查：荧光素是兽医眼科上最常用的染料，它的水溶液能滞留在角膜溃疡部，能在溃疡处出现着色的荧光素，因而可发现角膜溃疡所在的部位，也可用于检查鼻泪管系统的畅通性。

检查时可将荧光素钠试纸条溶于生理盐水，配制为 2%荧光素钠溶液滴入患眼，待 2～3 min 后用生理盐水清洗，可使损伤的结膜、角膜区域染成荧光绿色。角膜有异物存在时，异物周围也可出现绿色圈。

若鼻泪管系统通畅，可在鼻孔处看到沿鼻泪管流出的荧光素钠溶液。

6. Schirmer 泪液测试(STT)：Schirmer 泪液测试的目的是检测被检眼的泪液量，在干眼病的诊断与治疗中具有重要的意义。

在被检眼无其他药物影响的情况下进行泪液测试。将 STT 试纸条从凹槽处折弯，将折叠端放入下眼睑的结膜穹窿内，计时 1 min 后立即取下试纸条并读数，如图 8-5 所示。

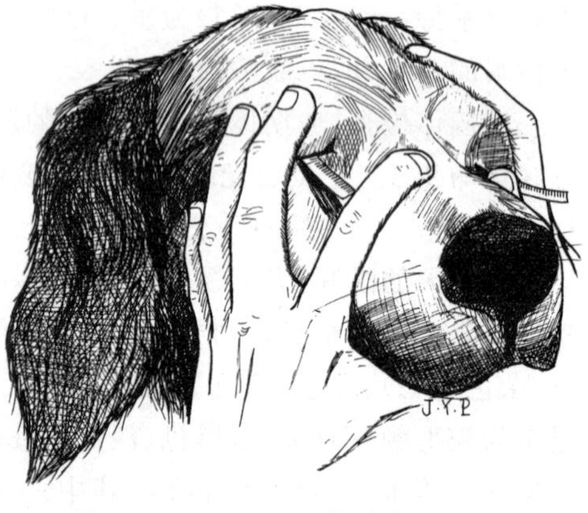

图 8-5 Schirmer 泪液测试(STT)

正常犬的泪液量范围为 18.6～23.9 mm/min，若 STT 结果小于 10 mm/min，结合临床症状可怀疑为干眼病，若 STT 结果小于 5 mm/min，则可确诊为干眼病。

猫的泪液量范围为 14.3～16.9 mm/min。马的泪液量范围为 20.6～24.8 mm/min。

实习九　眼科治疗技术

实习目的

通过实习，掌握常规眼科治疗技术。

实习方法

先由教师结合理论课知识，讲解常见常规眼科治疗技术，再将学生分组进行实验动物的实际操作。

实习内容

- 眼部冲洗
- 眼部不同给药方法
- 疏通鼻泪管系统

实习对象

实验犬。

实习材料与器械

眼科常用药物（如氯霉素眼药水、红霉素眼药膏）、散瞳药（如0.5%托吡卡胺眼药水）、缩瞳药（如1%毛果芸香碱眼药水）、生理盐水、注射器、局部麻醉药（如0.5%丁卡因眼药水、3%盐酸普鲁卡因溶液）、75%酒精棉球、0.5%碘伏棉球。

实习步骤

一、眼部冲洗

给动物的患眼治疗前，必须用生理盐水或2%硼酸溶液冲洗眼部，以便随后的用药能渗透到眼组织内，加强疗效。可以利用人用的洗眼壶，将上述溶液盛入壶内，冲洗患眼，同时可用受水器接液。也可以利用不带针头的注射器等冲洗患眼。

二、眼部不同给药方法

1.点眼：冲洗患眼后，立即选用恰当的眼药水或眼药软膏点眼。为此，可用点眼管（或不带针头的注射器）吸取眼药水滴于患眼的结膜囊内，使动物保持头部向上的姿势并用手轻轻按摩眼睑。锌管装的眼药膏可直接挤点于患眼的结膜囊内，亦可用眼科专用的细玻棒蘸上眼药软膏，涂于结膜囊内。用眼药软膏后给患眼按摩的时间应稍延长。

2.结膜下注射:确实保定动物的头部,如有必要可进行表面麻醉或全身麻醉,针头由眼外眦睑结膜或球结膜处刺入结膜下并使之与眼球平行(图 9-1),将药液注射于结膜下,注完药液后应压迫注射点。

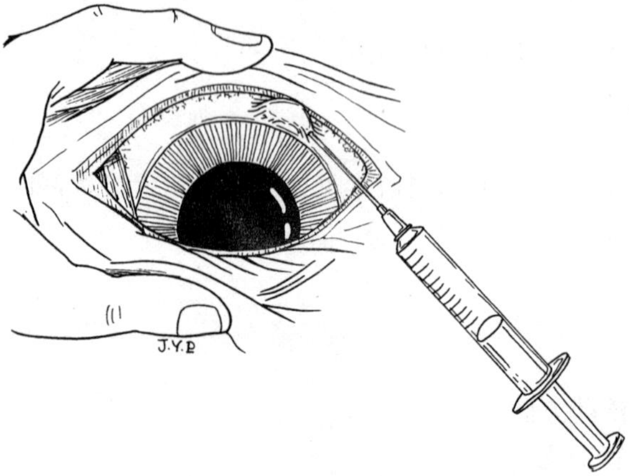

图 9-1 结膜下注射

3.球后注射:球后注射(图 9-2 和图 9-3)用于球后给药或球后麻醉。球后麻醉又称为眼神经传导麻醉,多用于某些眼球手术。操作时应注意不要误伤眼球。若注射正确,会出现眼球突出的症状。

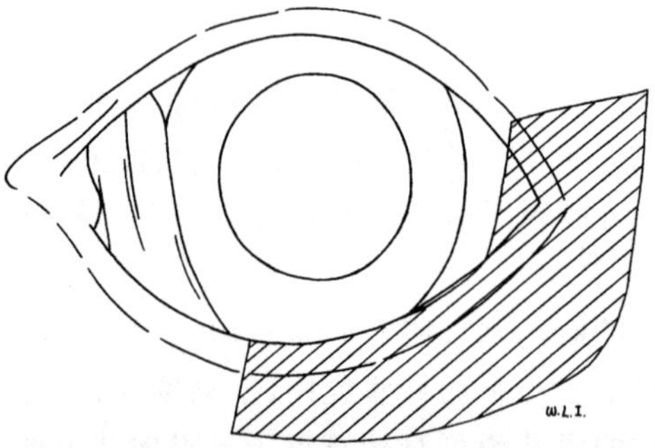

图 9-2 球后注射进针区域

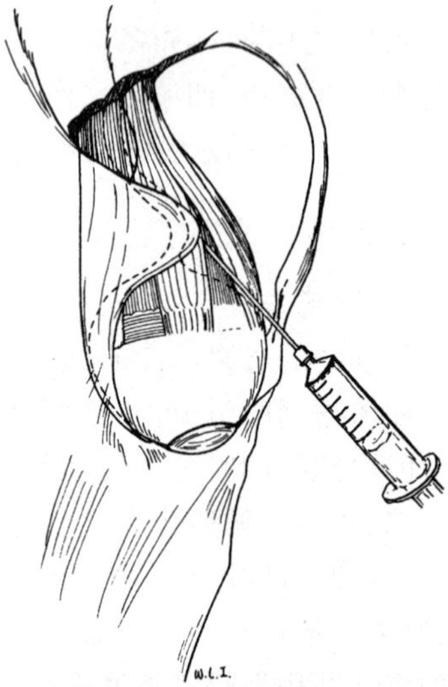

图 9-3 球后注射

先进行表面麻醉或全身麻醉，将灭菌针头由眼外眦结膜囊处向对侧颞下颌关节的方向刺入，并直抵骨组织，将针头稍后退，回抽活塞，无血液进入注射器后，将药物注入。

球后注射危险性较高，易损伤眼球，应谨慎使用。

三、疏通鼻泪管系统

可将注射器针头磨钝并打磨光滑后消毒，作为冲洗针头，也可用套管针代替。

先进行表面麻醉或全身麻醉，将冲洗针头插入上(下)泪点，按压下(上)泪点，用生理盐水进行冲洗(图 9-4)。若生理盐水推注顺利并从同侧鼻孔流出，证明上(下)泪点及上(下)泪小管通畅，反之说明上(下)泪小管或鼻泪管狭窄或阻塞。

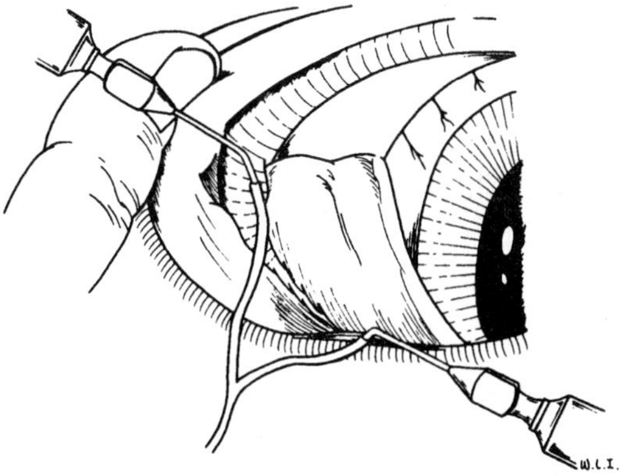

图 9-4　疏通鼻泪管

实习十　牙科检查技术

实习目的

通过实习，认知常见牙科器械的使用方法，掌握常规的牙科检查技术。

实习方法

教师通过实物演示向学生讲解牙科器械的使用，带领学生分组进行动物实习，实践牙科检查技术。

实习内容

- 牙科器械的识记与使用方法的介绍
- 牙科检查实际操作

实习对象

年龄较大、口腔卫生较差的实验犬。

实习材料与器械

牙科探针、口腔检查镜、齿刮器、齿龈刮匙、牙挺、拔牙钳、手术刀、止血钳、手术剪、手术镊、牙科止血棉球、绷带、846 合剂、舒泰 50 合剂、碘甘油等。

实习步骤

一、牙科器械的识记与使用方法的介绍

1. 牙科探针：牙科探针（图 10-1）常用于齿龈沟、根管、囊性结构深度的测量，多带有刻度。

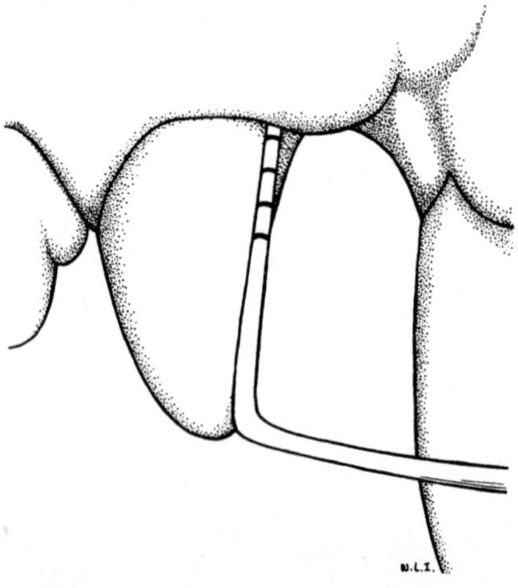

图 10-1　用牙科探针探查齿龈

2. 口腔检查镜：口腔检查镜（图 10-2a）为金属或塑料制造的口腔反光镜，用于口腔阴暗处的光反射照明。无固定把持姿势，以方便操作为宜。

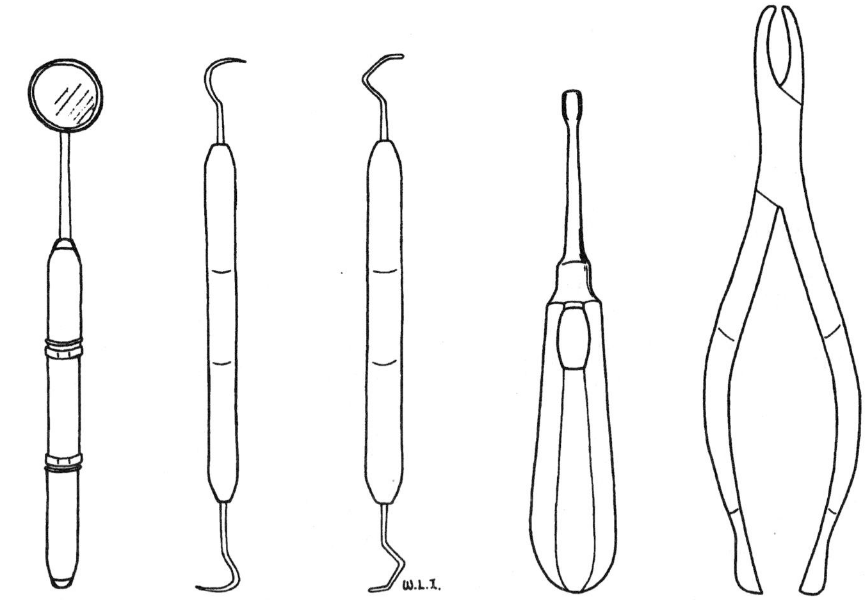

a. 口腔检查镜 b. 齿刮器 c. 齿龈刮匙 d. 牙挺 e. 拔牙钳

图 10-2 牙科常用器械

3. 齿刮器:齿刮器(图 10-2b)用于磨刮牙齿表面,取出附着物、牙石、牙菌斑等异物。使用时,以执笔式把持。

4. 齿龈刮匙:齿龈刮匙(图 10-2c)用于齿龈沟、囊内异物、食物残渣的刮挖。使用时,以执笔式把持。

5. 牙挺:牙挺(图 10-2d)又名齿龈分离器,用于齿与齿龈的分离与齿根的松动。使用时,以执笔式或指压式把持。

6. 拔牙钳:拔牙钳(图 10-2e)用于牙齿的拔出。使用时,以全握式把持。

二、牙科检查实际操作

1. 动物的麻醉与保定:实验犬麻醉后侧卧保定,麻醉药物剂量为 846 合剂 0.05 mL/kg,舒泰 50 合剂 0.05 mL/kg,混合肌注。

2. 每位学生结合理论课所学牙科检查程序,应用牙科器械,轮换进行检查。检查顺序为由外及内,由浅及深。

3. 检查项目包括:

(1)动物牙齿的磨损情况。

(2)牙齿的损伤与缺失情况。

(3)齿面牙菌斑与牙结石的情况。

(4)齿固定程度与齿龈结合状态等。

(5)龋齿的情况。

(6)齿龈色泽、有无肿胀、有无化脓、有无明显破损、有无出血、齿龈沟深度等。齿龈沟深度如图 10-3 所示。

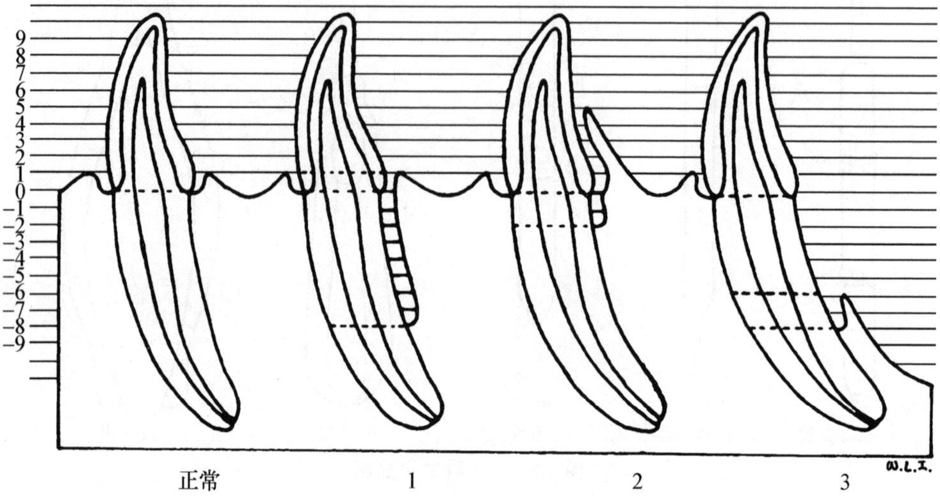

图 10-3 齿龈沟深度示意图

4.结合犬、猫口腔检查记录单(附录三),进行各项检查结果的填写,并整理实习报告。

实习注意事项

检查项目应严格遵循犬、猫口腔检查记录单,仔细填写,并绘制病牙定位图。

实习十一　牙科治疗技术

实习目的

通过实习，熟悉牙科器械的使用方法，掌握常规洁牙、拔牙等治疗技术。

实习方法

教师通过实物演示向学生讲解牙科器械的使用方法，带领学生分组进行动物实习，实践牙科治疗技术。

实习内容

➢ 洁牙技术

1. 器械洁牙

2. 洁牙机洁牙

➢ 齿面抛光技术

➢ 拔牙技术

实习对象

年龄较大、口腔卫生较差的实验犬。

实习材料与器械

牙科探针、口腔检查镜、齿刮器、齿龈刮匙、牙挺、拔牙钳、洁牙机、抛光机、手术刀、止血钳、手术剪、手术镊、牙科止血棉球、绷带、846合剂、舒泰50合剂、碘甘油等。

实习步骤

动物的麻醉与保定：实验犬麻醉后侧卧保定，麻醉药物剂量为846合剂0.05 mL/kg，舒泰50合剂0.05 mL/kg，混合肌注。

一、洁牙技术

洁牙是兽医牙科临床中最常用的治疗技术之一，主要通过仪器或器械的物理清洁作用，清除附着于动物齿或齿龈上的牙结石（图11-1）、牙菌斑、牙垢与食物残渣等。洁牙主要包括两种方式，即器械洁牙与洁牙机洁牙，一般需要配合牙齿表面的抛光。

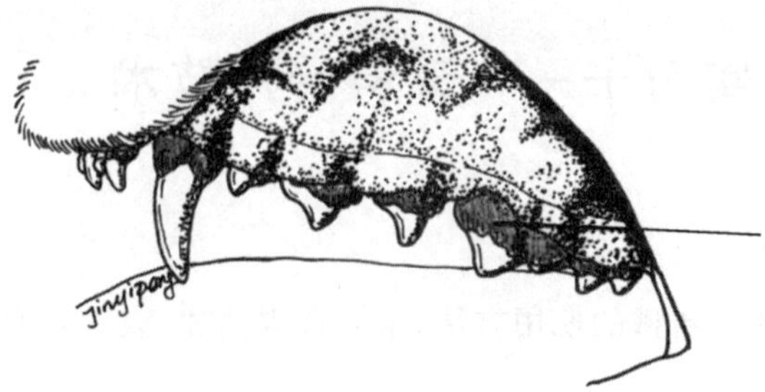

图 11-1 牙结石

1. 器械洁牙：术者手持齿刮器刮磨动物牙齿表面附着物，要求由外及内，由齿根向齿冠的方向单向运刀，用力均匀，切忌粗暴，如图 11-2 所示。如有必要，可使用齿龈刮匙清除齿龈沟内附着物，如图 11-3 所示。清除过程中，应使用灭菌生理盐水清洗分离的附着物，但注意应保持动物头低位，以免在麻醉状态下误吸而出现危险。一般来说，应该对所有牙齿进行清洁。洁牙过程中可能会出现牙龈出血，可用牙科止血棉压迫止血。

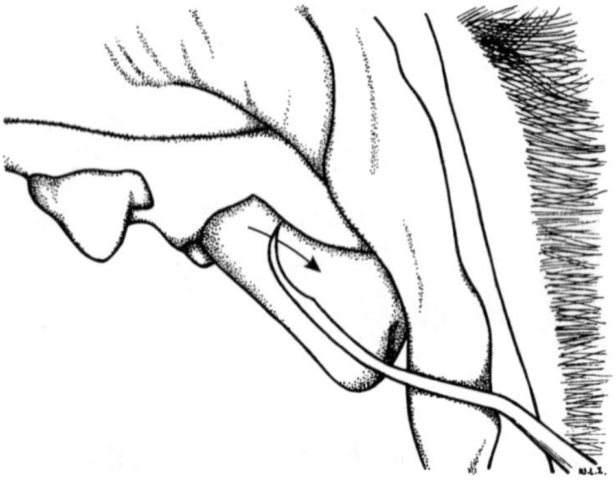

图 11-2 器械洁牙 1

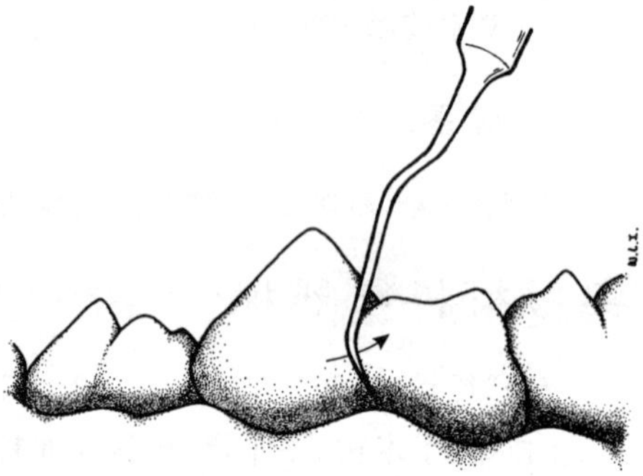

图 11-3 器械洁牙 2

器械洁牙对器械要求不高，但操作过程较长，清洁质量较差。此外，若不进行牙齿表面的抛光，新的牙结石与牙菌斑会很快生成。所以，在仪器条件允许的情况下，应尽量使用洁牙机洁牙并配合牙齿抛光术。

2. 洁牙机洁牙：常见的洁牙机由机身、电缆、洁牙手柄、工作尖、供水/喷水装置构成。其洁牙原理是洁牙机驱动工作尖产生超声振动，在接触牙齿表面后，使牙齿附着物松动脱落，同时，喷水装置喷出具有一定压力的水流清洗工作区域（图 11-4）。使用时，以执笔式把持手柄，用脚控制洁牙机踏板开关，清洁过程与器械洁牙相同。对于有振动频率挡位的洁牙机，应注意由低频到高频试验性选择最佳工作挡位。此外，不可长时间将工作尖接触齿龈等软组织，否则有可能损伤组织并引发出血。

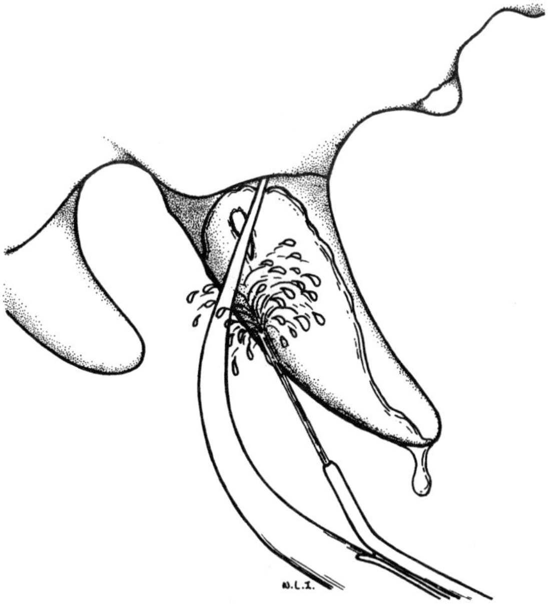

图 11-4　洁牙机洁牙

洁牙机洁牙工作效率高、清洁彻底、对齿表面损伤小，近年来已取代器械洁牙。但缺点是成本较高，需要电力驱动。

二、齿面抛光技术

当进行洁牙后，牙齿表面常会出现肉眼不易察觉的粗糙痕迹，这些凸凹不平的结构极易形成新的附着点。因此，在洁牙后应配合进行齿面抛光术。抛光也包括手工抛光与抛光机抛光，由于手工抛光效率低，抛光不彻底，临床很少应用。下面就抛光机抛光进行简单介绍。

抛光机由机身、电缆、抛光手柄、低速/高速马达构成。使用时，可在手柄顶端装载不同的打磨抛光工作头（图 11-5 和图 11-6），通过电机驱动而旋转。工作头质地包括金属、塑料、橡胶、陶瓷、复合材料等，根据表面粗糙程度可分为粗磨、精磨、粗抛光、精抛光等级别。使用时基本与洁牙机的使用方法相同，但应注意配合牙齿抛光剂，由粗糙向精细逐渐过渡，同时也应避免损伤牙龈等软组织结构。

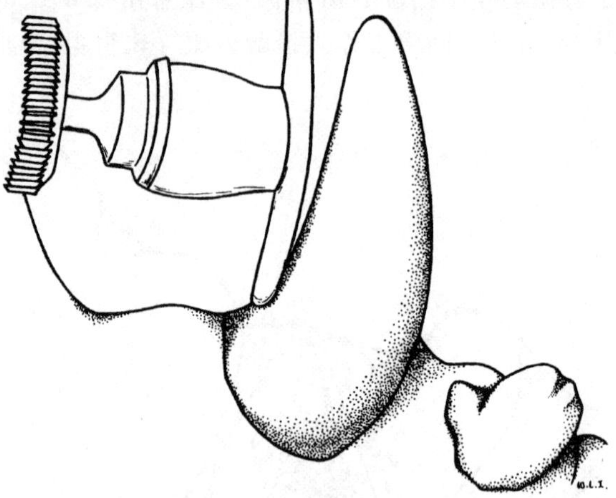

图 11-5 齿面抛光技术 1

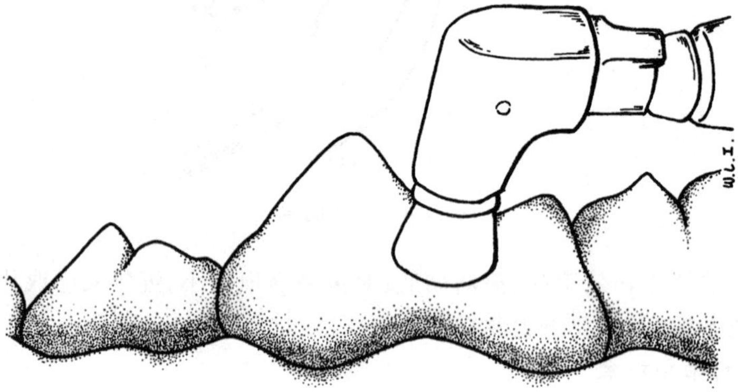

图 11-6 齿面抛光技术 2

三、拔牙技术

拔牙术是兽医牙科临床的另一种常用的治疗技术，在小动物临床实施较易，但在大动物实施常需要借助骨科与常规软组织手术。在本次实习课中，要求学生以实验犬为实验动物实践简易拔牙术。

要求学生选择单齿根齿(详见理论课)，首先选择尺寸合适的刀片与牙挺分离齿根与齿龈。分离时，牙挺凹面应紧贴齿根垂直用力(图 11-7 和图 11-8)。要求分离细致，不能晃动牙挺，禁止粗暴操作，减少不必要的损伤。当分离完成后，选择适宜的拔牙钳拔除牙齿(图 11-9)。拔牙时，允许轻微晃动齿冠，但不得用力过猛，以免损伤周围骨与软组织结构。拔牙过程中，可能会出现出血现象，可用牙科止血棉压迫止血，若出血严重，可用止血胶填堵出血点。拔牙后，可使用浸有碘甘油的止血棉压迫伤口消毒止血。对于软组织撕裂较严重的情况，可使用可吸收缝线进行简单缝合，但注意不能留下死腔，以免导致感染。

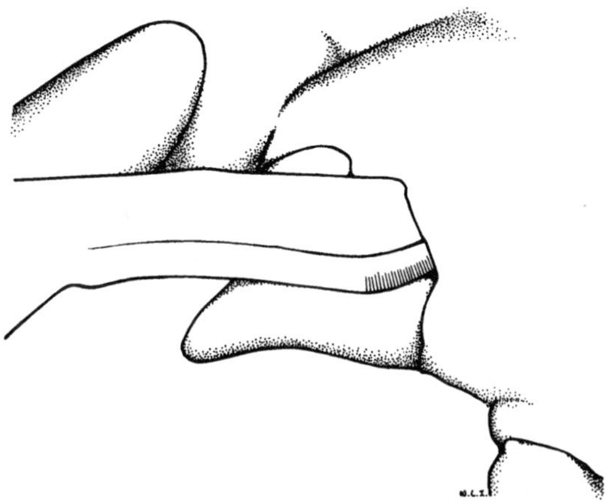

图 11-7　拔牙术 1

图 11-8　拔牙术 2

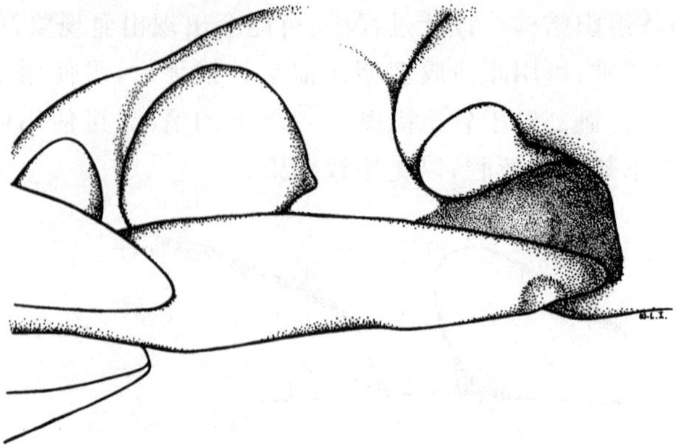

图 11-9 拔牙术 3

实习注意事项

1. 实验犬保定确实，防止误伤。
2. 注意在动物麻醉情况下，不要出现误吸现象。
3. 禁止粗暴操作。
4. 洁牙机与抛光机属于精细仪器，使用时注意爱护设备。

实习十二　耳的检查与治疗技术

实习目的

通过教师的讲解与学生对实验动物的实际检查操作，了解并掌握动物耳部疾病的常用检查与治疗技术。

实习方法

教师通过实物演示向学生讲解耳检查设备的使用方法，带领学生分组进行动物实习，实践耳的检查与治疗技术。

实习内容

- 耳的一般检查方法
- 检耳镜检查法
- 耳部疾病的外科治疗技术

1. 清洗耳道
2. 耳绷带技术
3. 耳血肿抽吸术

实习对象

成年实验犬。

实习材料与器械

检耳镜、手术灯、手术台、灭菌棉球、灭菌棉拭子、绷带、弹性绷带、注射器、0.5%洗必泰溶液、氧氟沙星滴耳液、846 合剂、舒泰 50 合剂、抗菌润滑剂、消毒用酒精与碘伏。

实习基础知识

由于不同种动物的耳结构不同，在进行实际操作前应结合兽医解剖学课程内容，复习常见动物耳廓、外耳道、鼓膜解剖结构，耳道结构为重点内容。

由于相对于其他动物，犬科动物的耳道结构更为复杂，因此以犬为例进行介绍。犬外耳道始于耳廓外耳道口，止于鼓膜，长度约 7.5 cm，直径 4.7 mm，并分为垂直耳道和水平耳道。耳道由环行软骨构成，软骨外侧被皮肤所覆盖。外耳道的开口周围有丰富的毛囊、耵聍腺和皮脂腺，后两者分泌耳蜡，呈褐色，有保护外耳道、维持鼓膜湿润和柔软的作用。这两种腺体的分泌物也给细菌、真菌和螨虫的生长繁殖创造了良好的条件，如不及时清理很容易造成外耳道炎。治疗不及时或用药不当可形成严重顽固的外耳道炎。

实习步骤

动物的麻醉与保定：实验犬麻醉后俯卧保定，麻醉药物剂量为 846 合剂 0.05 mL/kg，舒泰 50 合剂 0.05 mL/kg，混合肌注。

一、耳的一般检查方法

1. 视诊动物耳廓是否对称，厚度是否正常，耳部皮肤是否正常，有无耳部可视寄生虫，有无外伤、血肿、脓肿等情况。借助手术灯或小手电进行耳道内检查，检查有无耳道内异物、增生物、出血、化脓、溃疡、分泌物增多、结痂等情况。

2. 触诊感受耳廓厚度、质地、皮温是否正常。

3. 问诊动物发病时间、饲养情况、首发症状、治疗史等情况。

二、检耳镜检查法

1. 由于犬特殊的垂直耳道与水平耳道结构（图 12-1），常规的视诊无法检查其水平耳道与鼓膜情况，因此需要借助检耳镜进行耳道内检查。

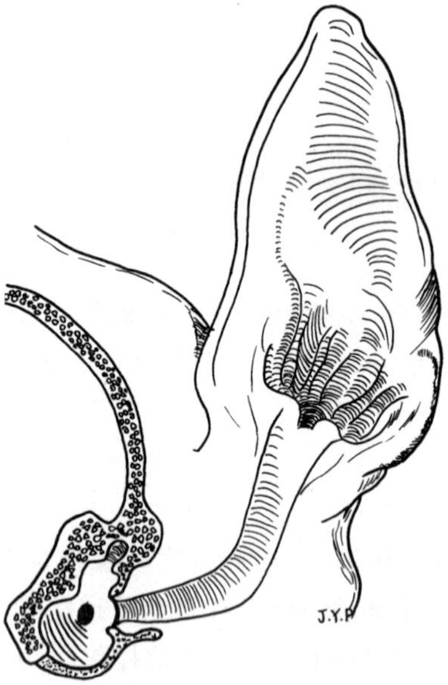

图 12-1 犬耳道结构

2. 检耳镜的主要结构包括电源、光源、透镜、窥视管4部分。其中窥视管是插入待检查耳道的装置，根据不同的耳道内径应选择不同直径的窥视管。

3. 检耳镜插入耳道前，应适当清理耳道内积存的分泌物或脱落的皮屑、毛发。使用少量抗菌润滑剂，润滑窥视管外壁，检查者一手提起实验犬耳廓，一手执检耳镜插入耳道，同时透过透镜检查耳道内情况(图12-2)。由于垂直耳道与水平耳道的转折，应小心牵拉耳道下缘，并撬动窥视镜朝向动物的头顶方向，此时可以观察动物的鼓膜情况。

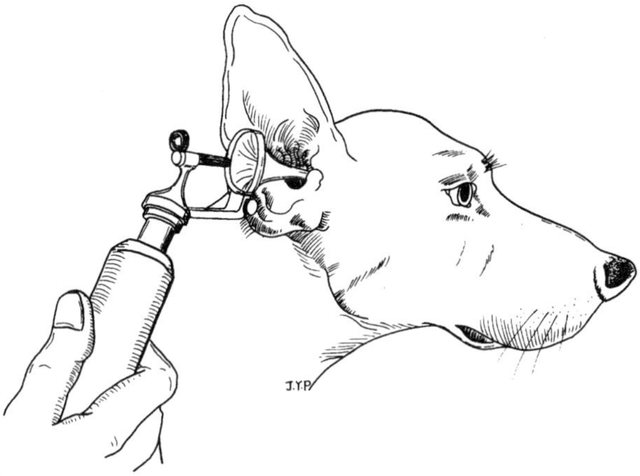

图12-2　检耳镜检查法

4. 记录检耳镜检查过程中，是否发现异物，耳道溃疡、增生、出血，鼓膜穿孔、炎症、充血、其他异常，光锥减弱或消失等情况。

5. 小心拔出窥视管，清洁耳道残留的抗菌润滑剂以及检耳镜。

三、耳部疾病的外科治疗技术

1. 清洗耳道：

(1)在了解动物耳道内的情况下，使用灭菌棉拭子小心地清除耳道内分泌物、脱落的皮屑或毛发(图7-3)。注意不要将棉拭子折断或棉拭子头脱落于耳道内。

(2)使用洗必泰溶液冲洗耳道，当药液灌满耳道后，停留30 s，并按摩耳屏，起到促进清洁作用，然后让液体自然流出，并重复操作2～3次。

(3)使用灭菌棉拭子清干耳道内残留的液体，点入氧氟沙星滴耳液4～6滴，同时按摩动物耳屏，结束操作。

2. 耳绷带技术：耳绷带技术常常配合某些耳部手术，如耳血肿压迫术、外耳道切除术、立耳术等。

(1)耳部包扎应保持耳道的开张状态,因此须将耳廓自然翻开,并包扎于头顶部。

(2)使用绷带卷或 4 in 纱布块垫于头顶部,翻开耳廓覆盖其上,使用普通绷带围绕整个头颈结合部进行缠绕,并固定于对侧耳(图 12-3 和图 12-4)。

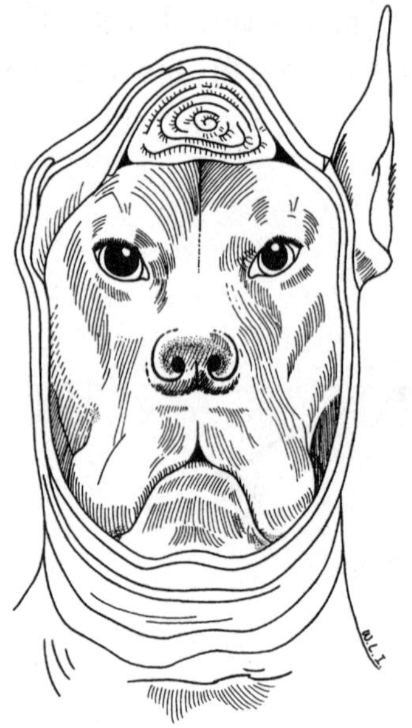

图 12-3 耳绷带技术 1

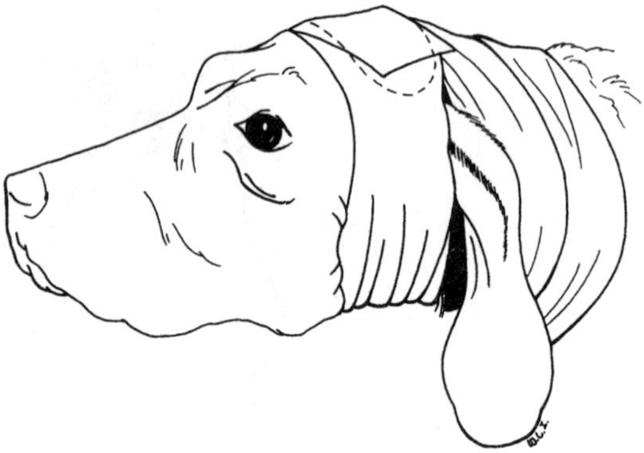

图 12-4 耳绷带技术 2

(3)使用弹性绷带重复缠绕,进行加压固定,结束操作。

3. 耳血肿抽吸术:耳血肿抽吸术常用于治疗症状较轻的耳血肿动物(图 12-5),或配合耳血肿切开加压缝合术的治疗。

图 12-5 耳血肿

(1)对患部耳外侧皮肤常规消毒。

(2)使用较粗的注射器从耳血肿的最低点进行穿刺,不断抽吸其内容物(图 12-6),并小心地对血肿加压。

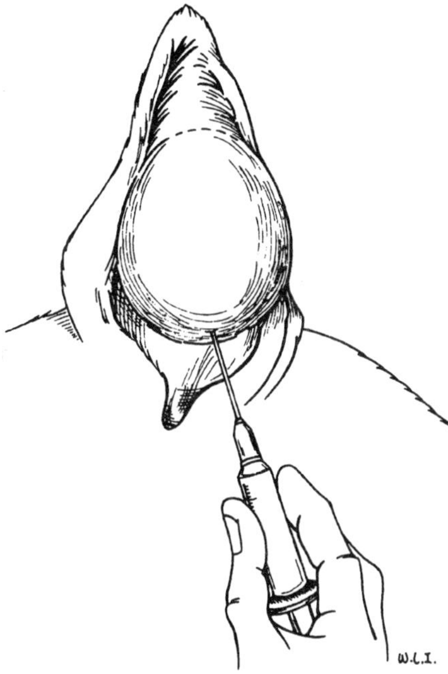

图 12-6　耳血肿抽吸术

(3)待血肿缩小,无法继续抽吸内容物时,拔出注射器,消毒穿刺孔,结束操作。

实习注意事项

检耳镜检查与清洗耳道为介入性检查与治疗,应小心操作,防止耳道异物与损伤。

实习十三　鼻、口腔、咽喉的检查与治疗技术

实习目的

通过教师的讲解与学生对实验动物的实际检查操作，了解并掌握动物鼻、口腔、咽喉疾病的常用检查与治疗技术。

实习方法

教师通过实物演示向学生讲解鼻、咽喉检查设备的使用方法，带领学生分组进行动物实习，实践鼻、口腔、咽喉的检查与治疗技术。

实习内容

- 鼻的一般检查
- 鼻镜检查术
- 口腔的一般检查
- 咽喉镜检查术

实习对象

长头型成年实验犬。

实习材料与器械

鼻腔镜、口腔开张器、气管插管、手术灯、咽喉镜、846 合剂、舒泰 50 合剂、抗菌润滑剂等。

实习步骤

动物的麻醉与保定：实验犬麻醉后俯卧保定，麻醉药物剂量为 846 合剂 0.05 mL/kg，舒泰 50 合剂 0.05 mL/kg，混合肌注。

一、鼻的一般检查

1. 视诊鼻周皮肤、鼻外露黏膜是否有外伤、充血、水肿，鼻镜、鼻孔、鼻骨轮廓外形是否正常，鼻分泌物的颜色、量与黏稠度。

2. 触诊动物鼻部，检查是否有鼻骨的骨折、软组织肿胀，感受局部的皮温。

3. 借助手术灯或手电，检查鼻道内可见的黏膜情况与分泌物情况。

二、鼻镜检查术

1.鼻镜与检耳镜的结构和使用方法基本相同,可参考检耳镜的使用方法。

2.清洁鼻腔内分泌物或血凝块,使用少量抗菌润滑剂润滑鼻腔。

3.将鼻镜头部小心插入动物鼻腔。

4.检查动物鼻腔内黏膜有无出血、充血、破溃、结痂、溃疡或化脓,鼻道是否狭窄,鼻甲、鼻中隔是否增生、变形或缺损,鼻腔内是否有异物、肿瘤或分泌物、曲霉团块等。

5.记录检查结果,小心拔出鼻镜,清洁残留的抗菌润滑剂以及鼻镜,结束操作。

三、口腔的一般检查

1.由于实习设置将牙科检查独立出来,因此口腔的一般检查只针对口腔内软组织和颌骨来进行。

2.视诊舌、舌系带、硬腭、软腭、齿龈、上下颌内软组织、唇部皮肤黏膜颜色,是否有外伤、充血、水肿、破溃、结痂、溃疡、化脓、增生与肿瘤生成,检查是否有明显异物等;观察舌在口腔中的位置与伸缩状态,考虑其是否存在神经支配障碍(图 13-1)。

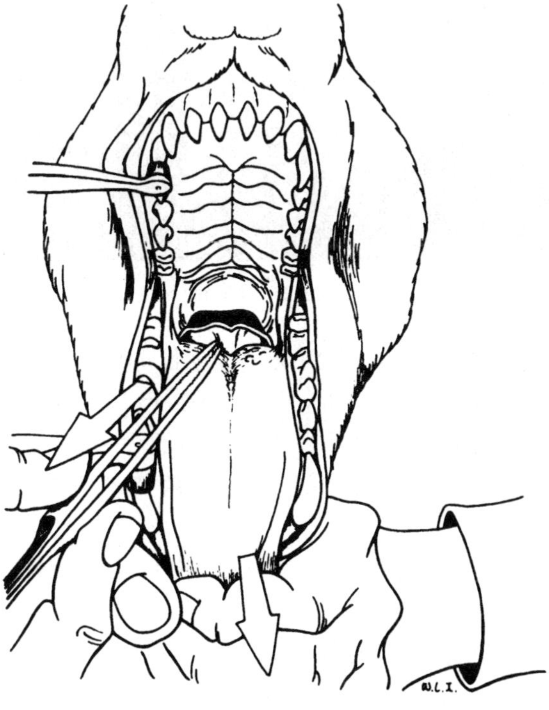

图 13-1　口腔的一般检查

3. 手指伸入动物口腔内，感受黏膜厚度、光滑度，是否有组织内结节等。

4. 视诊动物上下颌咬合是否正常，是否有明显的颌部外伤，双侧面部肌肉是否对称。

5. 触诊颌骨是否有明显的骨折、增生、肿胀与骨组织缺失。

6. 观察动物口腔分泌物的情况。

7. 记录检查结果，结束本项操作。

四、咽喉镜检查术

1. 常见的咽喉镜主要分为光源压舌板与电源手柄两部分(图 13-2)，主要用于咽喉检查与气管插管术的实施。

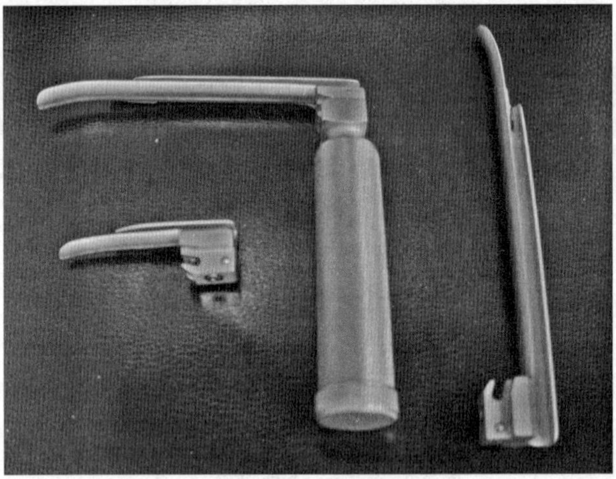

图 13-2 咽喉镜

2. 由助手帮助抬起动物头部，分别拉开动物上下颌，保持口腔开张状态。

3. 操作者，一只手拉出动物的舌，另一只手持已打开电源的咽喉镜手柄。将涂有少量抗菌润滑剂的咽喉镜压舌板压住动物的舌根，并轻微用力，将舌根向外向下压迫，充分暴露动物的咽喉部，以可以清楚地观察到动物的气管开口为宜。

4. 观察软腭、会厌部、声门部、食道开口部、喉小囊、扁桃体等是否存在结构的异常与功能的异常，是否有异物存在。

5. 可以同时选择型号适宜的气管插管，练习气管插管技术，如图 13-3 和图 13-4 所示。

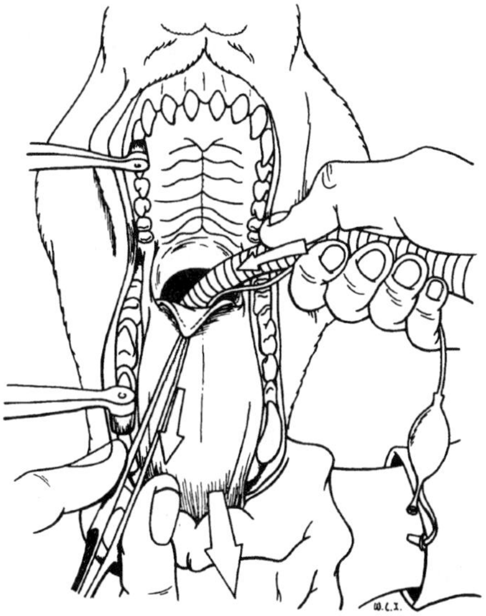

图 13-3 气管插管技术 1

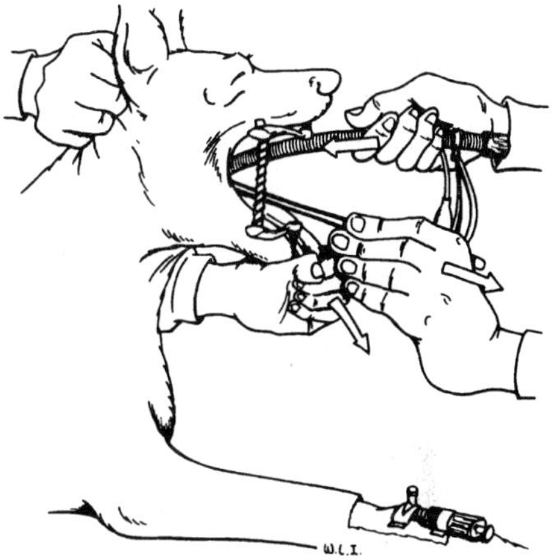

图 13-4 气管插管技术 2

6. 记录观察结果，结束本项操作。

7. 注意：对于咽喉部的外科检查方法主要是通过咽喉镜视诊来完成，但也可配合进行诱咳试验，检查气管开口及气管前段的功能是否正常。详细的诱咳方法可参考兽医临床诊断学。

实习注意事项

鼻镜与咽喉镜检查为介入性检查与治疗，应小心操作，防止不必要的损伤。

实习十四　脊柱外科疾病的检查与治疗技术

实习目的

通过教师的讲解与学生对实验动物的实际操作，使学生熟悉脊柱外科疾病的一般检查方法与治疗技术。

实习方法

教师演示讲解脊柱检查方法，学生分组进行动物脊柱检查与治疗技术的实习。

实习内容

- 脊柱外科疾病的一般检查方法
- 椎旁封闭术
- 脊柱外固定术

实习对象

成年实验犬。

实习材料与器械

846 合剂、舒泰 50 合剂、地塞米松磷酸钠注射液、利多卡因注射液、灭菌注射用水、注射器、医用脱脂棉、20 cm×50 cm 薄木板两块、木工锯、普通绷带、弹性绷带等。

实习步骤

一、脊柱外科疾病的一般检查方法

动物的麻醉与保定：实验犬麻醉后俯卧保定，麻醉药物剂量为 846 合剂 0.05 mL/kg，舒泰 50 合剂 0.05 mL/kg，混合肌注。

1. 视诊动物是否有明显的脊柱区域的外伤，是否有开放性骨折，是否有明显的肿胀。被检动物的脊椎曲线应平滑，如果出现明显的凸凹或曲折，应考虑某处椎体的骨折或椎间关节的脱位，应考虑拍摄 X 线影像，帮助确诊为椎体损伤或椎间损伤。

2. 触诊感受动物脊椎的连续性，正常的脊椎应有平滑的过渡，椎体棘突或横突间距应均匀一致，左右应对称。同时还应注意是否有明显的肿胀，软组织质地是否均一。如果可见脊椎连续性遭到破坏，可考虑椎间关节脱位的可能。值得注意的是，实际临床检查中，动物可能受到严重的脊柱外伤，表现为剧痛，抵触触诊，此时应小心操作。

3. 由于脊柱的损伤往往会影响脊髓神经的正常传导，因此对于脊柱的外科检查，必须进行相应的神经学检查。由于神经学检查是一门复杂的检查技术，并不要求本科生熟练掌握，但应具备通过对不同节段脊椎神经根所支配的肌肉与器官功能的评估，判断病变位置的能力，检查项目包括跟腱反射、膝跳反射、肘头反射、皮肌反射、痛觉反射、肛门反射、阴囊反射、腹肌紧张度、四肢肌力、行走协调度、呼吸频率与力度、排尿排便情况与心音听诊等。

4. 实际临床检查中，应结合症状，对畜主进行病史的问诊。

5. 记录检查结果，结束本项操作。

二、椎旁封闭术

1. 椎旁封闭术通过将药液局部注射在发生病变的椎体或神经根附近，在药物的浸润作用下，局部阻断神经的痛觉传导，减轻动物的疼痛感，同时具有抗炎作用的药物作用于炎性水肿区域，减轻炎性细胞的聚集，改善局部的营养供应，促进代谢与修复作用。目前主要应用于对椎间盘疾病、椎骨骨赘并发症的治疗。

2. 结合实验动物，假设病变发生部位，对病变椎体节段两侧 3～5 cm 区域进行皮肤消毒。

3. 使用 10 mL 注射器，吸注 10 mL 地塞米松磷酸钠注射液、5 mL 利多卡因注射液及 3 mL 灭菌注射用水。

4. 在病变部位两侧 3～5 cm 的消毒区域(图 14-1)，分 6～8 个点注射，注射时应入针 1.5～2 cm，选择点的分布应将病变部位包围。

5. 注射完毕后，用手对局部进行按摩，以促进药液的浸润。

6. 如果实际临床治疗中，动物具有多处病变，可以在其他部位重复操作，但应注意注入的地塞米松磷酸钠注射液的总

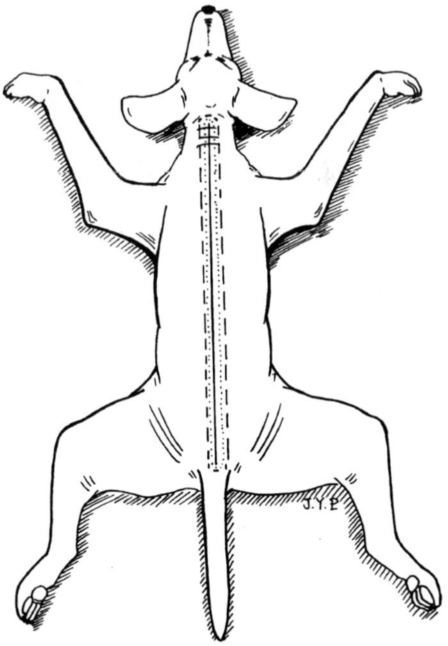

图 14-1　椎旁封闭术区域

量不能超量。

7.将废弃的注射器置于利器回收盒，结束操作。

三、脊柱外固定术

1.脊柱外固定术主要用于创伤性脊椎骨折、椎间关节脱位复位术后的固定治疗，也可用于防止动物过度舔咬自身后肢伤口。

2.根据动物的身长，修剪固定用的薄木板，应保证木板的长度与动物的胸部至臀部的长度相同，宽度应达到胸廓的1/2。

3.在动物躯干缠裹普通绷带，起防滑与减少皮肤磨损的作用，注意不宜过紧，否则会影响动物呼吸。

4.助手将两块木板置于动物躯干两侧，上边距窄，下边距宽，在木板的内侧垫放少量医用脱脂棉。此时操作者使用弹性绷带将木板固定于动物躯干之上，松紧度应保证动物可以自由呼吸（图14-2）。

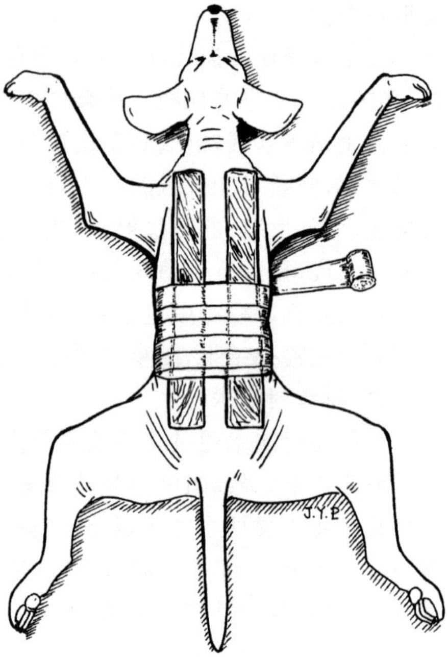

图14-2 脊柱外固定术

5.检查雄性动物的尿道口是否受到绷带的影响，若有，应剪开排尿口。

6.最后再适当调整，结束操作。

实习注意事项

1.椎旁封闭应小心操作，防止误伤脊髓。

2.脊柱绷带不可过紧。

实习十五　胸部外科疾病的一般检查与治疗技术

实习目的

通过实习，了解肋骨骨折的一般检查方法和治疗原则，胸壁透创的常见并发症及其相应的表现、检查方法和治疗原则，能够正确操作胸腔穿刺、胸导管放置以及胸部压迫绷带等常用处置技术。

实习方法

教师演示讲解胸部外科疾病检查方法，学生分组进行实习。

实习内容

- 肋骨骨折的检查与治疗
- 胸壁透创的检查与治疗
- 胸腔穿刺术
- 胸导管的放置

实习对象

实验兔。

实习材料与器械

75％酒精、2％碘酊、棉球、846 合剂、无菌生理盐水、剃毛刀片、注射器、灭菌手术刀片、止血钳、一次性灭菌胸导管、灭菌纱布、弹性绷带。

实习步骤

一、肋骨骨折的检查与治疗

动物一般表现为患部的局部肿胀或塌陷，触诊疼痛。若骨折断端刺破胸膜、大血管和肺脏时，可并发气胸和血胸、肺出血，出现呼吸困难。开放性骨折常引起局部感染，并进一步形成脓肿或窦道。

闭合性骨折一般不需要全身治疗，局部按挫伤处理。如果没有严重的错位，折断的肋骨较容易愈合；开放性骨折则要按污染创处理，用无菌生理盐水彻底清洗创伤，除去所有异物以及与骨膜完全脱离的死骨片，对与骨膜尚有联系的碎骨予以保留。对于骨折断端发生转位的，采用牵引术，选择适当的缝合方法使其复位，防止其对其他器官造成损伤。最后，酌情外敷弹性绷带对复位的胸廓进行保护。如果发生胸壁或腹壁的透创，则按这些病的处置方法进行处理。

二、胸壁透创的检查与治疗

胸壁透创多由尖锐或钝性物体的刺伤引起，属于外科急症，往往因为治疗不当或不及时而造成动物的死亡。胸壁透创通常伴有如下并发症：

1. 气胸：分为开放性气胸、闭合性气胸和张力性气胸。轻微的气胸表现为呼吸频率的增加和运动不耐受。严重的气胸常表现为快速、浅表的呼吸，伴有或不伴有发绀。听诊肺和心音减弱、心动过速、心律失常。胸部 X 线检查显示胸膜腔的气体充盈和肺部的萎缩，侧位胸片显示心脏位置上移。

对于轻度损伤造成的气胸可采取保守治疗，笼内休息直到胸膜内气体被重新吸收；对中等程度的气胸用细针做胸腔穿刺术，并密切监测呼吸频率；对病情较重的动物，首先进行胸腔穿刺，如果空气继续聚积需要多次或反复胸腔穿刺时，可留置导管。患开放性气胸的动物还需在伤口处放一压迫绷带，帮助重建胸内负压（图 15-1）。

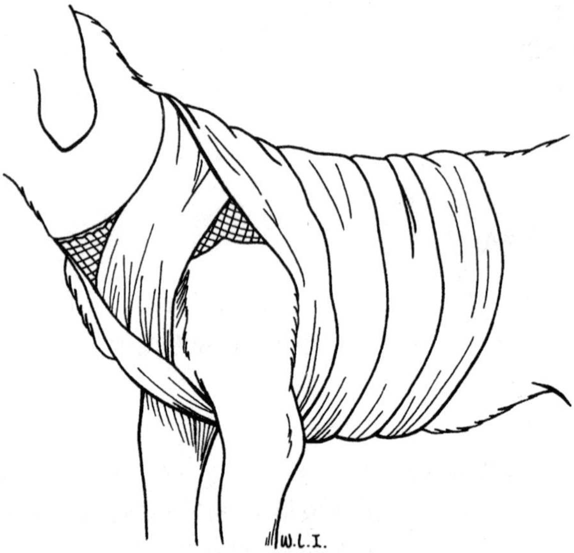

图 15-1　胸压迫绷带

2. 血胸：胸壁下部叩诊出现水平浊音，X 线检查胸膈三角区出现中密度阴影，胸腔穿刺可得到带血的胸水。严重时出现贫血、呼吸困难等症状。可同时并发气胸。胸腔内少量的积血可被吸收，但应注意防止继发感染所造成的脓胸或肺坏疽。

3. 脓胸：胸膜腔内出现感染化脓，大量脓汁积存于胸膜腔内。动物常表现为体温升高，血检白细胞总数升高，叩诊胸廓下出现浊音，听诊肺泡呼吸音减弱或消失，胸腔穿刺可抽出脓汁。对于脓胸的病例，要进行多次穿刺，尽量放净胸腔脓汁，然后用大量生理盐水冲洗直至胸腔内再无脓汁，全身和胸腔内使用大量抗生素控制感染。

三、胸腔穿刺术

1. 动物侧卧保定，必要时可注射少量镇静剂。

2. 穿刺部位剃毛、消毒。穿刺部位的定位遵循：背侧第 7～9 肋间抽吸空气；腹侧第 7～8 肋间抽吸液体。

3. 针刺穿过皮肤、肋间肌肉和胸膜进入胸膜腔。

四、胸导管的放置

1. 动物侧卧保定，必要时可注射少量镇静剂。如果时间允许，可对穿刺点 1～2 个肋骨后缘处的皮肤和肌肉组织进行局部浸润麻醉。

2. 术部剃毛、消毒。穿刺点的位置同胸腔穿刺术。

3. 用手术刀切开胸导管插入处的皮肤，将胸导管从皮肤切口插入，沿皮下向头侧伸到所需部位，用力插入肋间肌肉进入胸腔（图 15-2）。

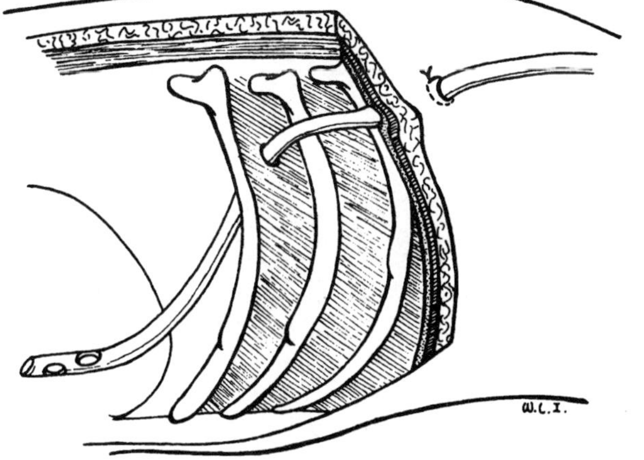

图 15-2　胸导管的放置

4. 缝合留置导管处的皮肤，并将导管缝合固定于胸部，轻轻包扎胸部防止导管移动。局部涂抹非水溶性抗生素软膏。

实习注意事项

1. 放置胸导管时需注意防止肋间、胸廓内或心脏血管的撕裂。

2. 插入胸导管的几天内密切监控，确保黏性物可以自由排出，导管的位置正确、不来回活动，所有联结部位紧密、空气不能进入胸腔。

3. 注意防止入口部位的细菌感染。

实习十六　胃肠外科疾病的诊断与治疗技术

实习目的

通过实习，熟悉和掌握腹腔器官的系统检查方法、临床常见消化道外科疾病的诊断与治疗方法。

实习方法

先由教师结合临床病例和临床经验讲解腹腔器官的系统检查方法和常见外科疾病的诊断与治疗方法。然后学生分组进行实验动物的实际操作。

实习内容

- 腹腔器官的系统检查
- 胃扭转的诊断与治疗
- 胃内异物的诊断与治疗
- 肠梗阻的诊断与治疗

实习对象

成年实验犬。

实习材料与器械

常规手术器械、消毒纱布、846 合剂、舒泰 50 合剂、阿托品注射液、生理盐水、胃管。

实习步骤

一、腹腔器官的系统检查

1. 视诊：检查者须站立在动物的正前方及正后方，主要观察腹部轮廓、外形、容积及肷部的充满程度，应做左右侧对照比较，主要判定其膨大或缩小的变化。

2. 触诊：用双手拇指以腰部做支点，其余四指伸直置于两侧腹壁，缓慢用力，感觉胃肠状态。也可将两手置于两侧肋骨弓的后方逐渐向后上方移动，让内脏器官滑过指端，以行触诊。如将犬前后轮流高举，几乎可触知全部腹内器官。腹部触诊往往可以确定胃肠充盈度、胃肠炎、肠便秘及肠变位等。

3. 听诊：听诊部位在左右两侧肷部。健康犬肠音如捻发音。肠音增强见于消化不良、胃肠炎的初期。肠音减弱或消失见于肠便秘、阻塞及重剧胃肠炎。

二、胃扭转的诊断与治疗

犬胃扭转是一种多发于体型较大及胸廓较深的品种的犬（如德国牧羊犬、大丹犬、藏獒等）的急性致死性疾病。该病是指犬胃以胃悬吊韧带为轴作 90°、180°、270°甚至 360°的扭转，胃幽门部从右侧转至左侧，被挤压于肝脏、食道的末端和胃底之间，导致胃内容物不能后送的疾病（图 16-1）。

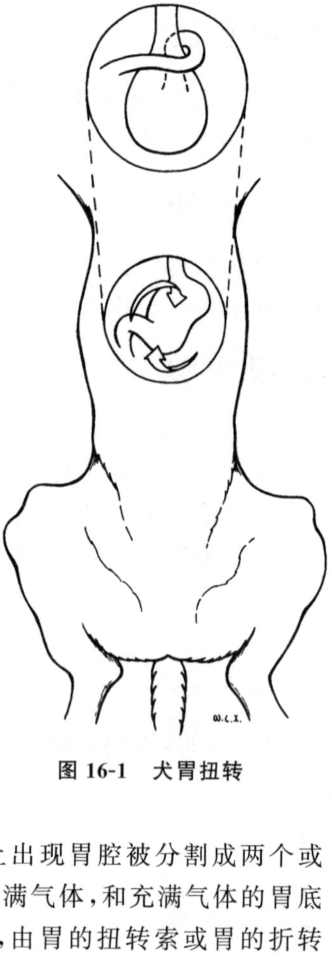

图 16-1 犬胃扭转

该病多发生于大型犬及胸廓较深的品种的犬，雄犬比雌犬发病率高，年龄越大发病率越高。多由各种诱发因素，如胃部韧带松弛，快速采食了大量的食物和水，吃饱后剧烈运动、奔跑玩耍、跳跃等引起。脾脏肿大、钙磷比例失调等也可引起此病发生。

1. 诊断：

（1）根据临床症状：患有胃扭转的犬反复干呕，喝不进水，流涎较多，腹部膨大、并有不适感觉，烦躁和沉郁，呼吸急促或困难，腹前部扩张，虚弱或虚脱。

（2）全身检查：腹部叩诊有鼓音表明胃内胀气，腹痛，脾脏范围扩大，心动过速、毛细血管充盈时间延长、脉搏微弱。

（3）X 线检查：拍摄 X 线片是确诊的重要手段，分别拍摄右侧位、左侧位和正位 X 线片，但右侧位 X 线片具有诊断意义。右侧位投照时，可见 X 线片上出现胃腔被分割成两个或多个小室，这是由于胃扭转后幽门移向左侧且其中充满气体，和充满气体的胃底共同构成的影像。在小室之间可见线状软组织阴影，由胃的扭转索或胃的折转处形成。

2. 手术治疗：

（1）首先给胃快速减压，用胃管把胃内食物、气体放出来（图 16-2）。如胃管插不到胃内或者插入胃管仍不能缓解症状，可行穿刺、排出胃内气体，然后进行手术整复。

（2）按与胃扭转相反的方向将胃复位，对胃壁进行固定，同时可实施脾摘除术。

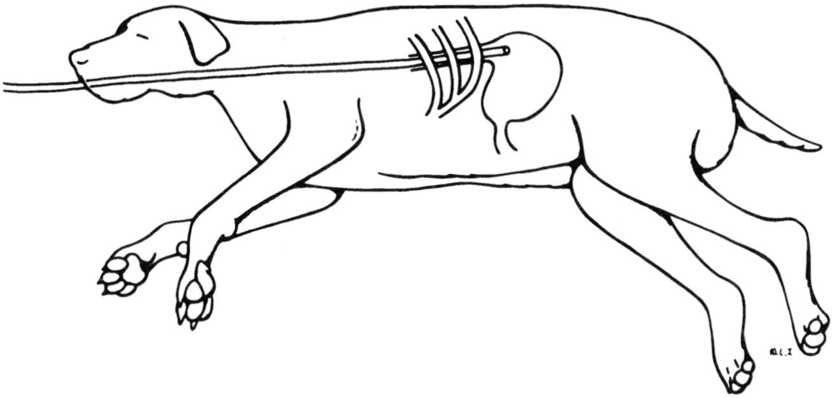

图 16-2　投胃管术

三、胃内异物的诊断与治疗

胃内异物是犬、猫因误食异物引起的疾病，异物种类复杂，不能被胃液消化，又不能通过呕吐或肠道排出体外，使胃黏膜受到损伤，影响胃的功能。

引起胃内异物的原因有以下几种：幼年犬、猫生性活泼好动，喜欢玩耍，不慎将橡皮球、石块、线团、缝针、硬币、塑料袋等咽下；动物主人饲喂不当，将带骨肉、有核水果等喂给动物；长毛猫经常梳理毛发，时间久了会在胃内形成毛团。

1. 诊断：

(1)根据临床症状：胃内有异物的动物其临床表现有一定的差异性。有些动物可能无任何临床症状，或有间歇性呕吐。胃内有大量异物或异物比较尖锐时对胃黏膜造成强烈刺激引起胃炎。动物出现顽固性呕吐，呕吐物中可能带有血液，有的动物可能发热、脱水、消瘦。

(2)X 线检查：高密度不透射线异物在腹部平片易于显示，并可显示出异物的形状、大小及所在位置。低密度异物如线团、碎布、袜子、橡皮球等不能显示，在检查时可通过变换动物体位，使胃内气体恰好停留在异物周围，形成对比、衬出异物影像。也可利用造影方法，即进行钡饲。

2. 手术治疗：

(1)胃的切口位于胃腹面的胃体部，在大弯和小弯的血管稀少处纵向切开。

(2)清除胃内容物后进行胃腔检查，取出异物(详见：林德贵，《兽医外科手术学》，第 4 版)。

四、肠梗阻的诊断与治疗

肠梗阻是犬、猫常见的一种消化道疾病，是一种急腹症。小肠的部分或全部梗阻，小肠肠腔发生机械性阻塞或小肠正常生理位置发生不可逆的变化，如肠套叠（图 16-3）、嵌闭和肠扭转等。

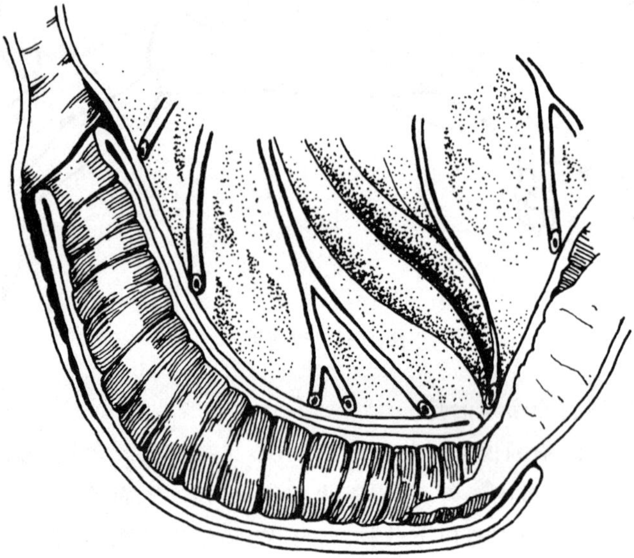

图 16-3　肠套叠

引起肠梗阻最常见的原因有异物（图 16-4）、肿瘤、肠套叠、先天性或获得性狭窄及麻痹。

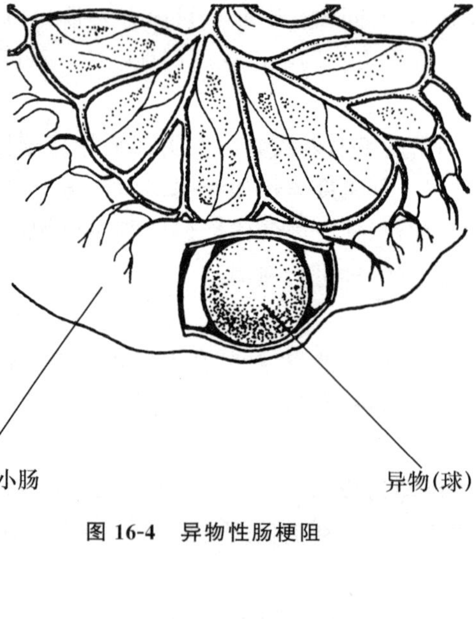

图 16-4　异物性肠梗阻

1. 诊断：

(1)根据临床症状：肠梗阻的临床表现与发生阻塞的部位有密切的关系。近端小肠阻塞后，动物表现为急性、顽固性呕吐，同时伴发腹泻，粪便中带有陈旧性的血液。远端小肠阻塞后也会引发呕吐，但不急剧。肠套叠时呕吐与排红色、胶冻样便同时出现。肠梗阻也会出现腹痛、肠管膨胀、气喘，异常的"祈祷姿势"。

(2)X线检查：异物造成的肠梗阻，如为高密度异物X线平片即可显示出异物的形状和大小及其阻塞的部位。对于低密度异物或与腹腔软组织密度相近的异物需用钡餐制剂进行肠道造影。肿瘤性阻塞时X线平片可显示腹腔内肿块的软组织阴影，造影检查可显示肠黏膜不规则、充盈缺损、肠壁增厚、肠腔增厚、肠腔狭窄或造影剂进入肿瘤组织中。X线平片检查还可以见到阻塞部位之前的肠管有不同程度的充气、充液及肠腔直径增大。水平投照检查可见肠管内对比良好的液-气界面阴影。

2. 手术治疗：手术治疗时要依据阻塞的部位和性质。若是肠内异物造成的肠梗阻，要施行肠切开术去除异物。肠套叠时要进行肠套叠整复术，如果肠管有坏死，则要进行肠道切除术和吻合术(详见：林德贵，《兽医外科手术学》，第4版)。如果是假梗阻，则要进行肠道活组织检查。

实习注意事项

1. 保定确实，以防误伤人员与动物。

2. 在实施手术时要做好麻醉监测工作。

实习十七　疝的诊断与治疗技术

实习目的

通过实习，学习并掌握对患有疝的实验动物的诊断与治疗技术。

实习方法

先由教师对疝的基础知识、诊断及治疗方法做总体的介绍，再对照实际病例详细地介绍诊断与治疗方法及注意事项，然后学生以小组为单位，进行疝的诊断与治疗。

实习内容

➢ 疝的诊断

➢ 疝的治疗

实习对象

兽医院就诊的患病动物。

实习材料与器械

探针、手术刀柄、手术直剪、手术镊、止血钳、创巾钳、卷轴绷带、脱脂棉、酒精棉球、碘酊、创腔冲洗器、剪毛剪、缝针、缝线等。

实习基础知识

1.疝：腹腔脏器从天然孔道或病理性裂隙脱至皮下或其他解剖腔的一种常见病。

2.疝的组成：疝孔、疝囊、疝内容物。疝孔即疝轮或疝环，包括扩大的天然孔道和病理性裂隙，新发的边缘薄而水肿，陈旧的厚而钝圆。疝囊包括颈、体、底三部分。

3.疝的分类：

(1)根据发生部位分为外疝(即皮下疝，如脐疝、腹股沟阴囊疝、会阴疝、腹壁疝)和内疝(即体腔疝，如膈疝)。

(2)根据发生时间分为先天性疝和后天性疝。

(3)根据可否还纳分为可复性疝和不可复性疝，后者包括粘连性疝和嵌闭性疝(如粪性嵌闭性疝和逆行性嵌闭性疝)。

(4)根据疝的症状分为先天性外疝、病理性外疝、粘连性外疝、嵌闭性外疝。

A. 先天性外疝：有固定的解剖部位，疝内容物为该部游动性较大的脏器；患部皮肤隆起且随腹压和体位变化而变化；触诊柔软，可还纳，可触及疝孔；听诊有时可闻及肠鸣音；一般无全身症状。

B. 病理性外疝：多为外伤引起，炎症反应强烈且随时间推移而加剧，疝环不规则且难触及，疝液较多而透明，疝底水肿下沉，多伴有全身症状。

C. 粘连性外疝：多继发于病理性疝后期和先天性疝再损伤后。不可还纳，疝孔难辨，疝液较少，疝底易于擦伤感染形成瘘管。

D. 嵌闭性外疝：疝内有粪结，或疝孔肌肉反射性痉挛(即弹力性嵌闭)，或有逆行肠段而嵌闭。疝痛和全身症状明显，疝液多而浑浊，含大量中性粒细胞。

实习步骤

一、疝的诊断

外疝诊断不难，但应与脓肿、血肿、淋巴外渗、肿瘤、精索静脉曲张、阴囊积液、睾丸炎等区别，其诊断要点如下。

1. 解剖部位。
2. 柔软度。
3. 可否还纳。
4. 可否触及疝孔。
5. 可否闻及疝内容物蠕动音。
6. 是突发还是渐发。
7. 有否全身症状。
8. 穿刺液的性质。注意：穿刺须慎重！
9. 血象变化，血常规 WBC 尤其是中性粒细胞增多往往提示嵌闭。
10. B 超和 X 线检查为鉴别诊断的有效手段。
11. 必要时可做手术探查。
12. 大动物可结合直肠检查，尤其是会阴疝和腹股沟阴囊疝。

二、疝的治疗

1. 保守疗法：适于疝孔小的可复性疝。

(1)挤压还纳固定法：可贴胶布或装压板绷带。

(2)刺激剂注射法：将刺激剂(如 95%酒精、高渗盐水或糖水等)分 3～4 点(每点 2～3 mL)注入疝孔周围，促使疝孔封闭。

2. 手术疗法：

(1)皮外缝合法：可复性外疝还纳后施行疝孔缝闭，易误缝，少用。

(2)手术切开法：

A. 局部剪毛消毒，浸润麻醉。

B. 疝囊底中点作平行纵轴切口或十字切口。

C. 还纳。粘连时可涂 20%樟脑油或石蜡油或鱼肝油剥离粘连；嵌闭时可扩大疝孔，有坏死则切除后做端端吻合。

D. 清理疝囊，闭合疝环(手术关键，口小时可用结节缝合，口大而腹压大时可用纽扣缝合)。

E. 切口处理，可环形切除多余皮瓣。

实习注意事项

1. 应注意与脐部脓肿、脐尿管闭锁不全相鉴别。

2. 穿刺需谨慎。

[附：各种动物常见疝病的诊断与治疗]

一、脐疝

各种家畜均可发生，但以仔猪、犊牛为多见，幼驹也不少。一般以先天性原因为主，可见于出生时，或者出生后数天或数周。犊牛的先天性脐疝多数在出生后数月逐渐消失，少数病例愈来愈大。犬、猫在 2～4 月龄以内常有小脐疝，多数在 5～6 月龄后逐渐消失。发生原因是脐孔发育不全、没有闭锁，脐部化脓或腹壁发育缺陷等。

胎儿的脐静脉、脐动脉和脐尿管通过脐管走向胎膜，它们的外面包围着疏松结缔组织。当胎儿出生后脐带被扯断，血管和脐尿管就变成空虚不通，而在四周则结缔组织增生，在较短时间内完全闭塞脐孔。如果断脐不正确(如扯断脐带血管及脐尿管时留得太短)或发生脐带感染，腹壁脐孔则闭合不全。此时若动物出现强烈努责或用力跳跃等，使腹内压增加，肠管容易通过脐孔而进入皮下形成脐疝。

1. 诊断要点：

(1)发生于脐部，先小后大，一般可还纳、可触及疝孔，听诊有肠音，肿胀随腹压增大而增大。

(2)常因与地面摩擦发炎而产生粘连。很少出现嵌闭。

2. 治疗：很小时可用保守疗法，但多采用手术切开。皮肤应根据疝环大小作菱形切开；疝囊应尽量分离，少用切除；时久者疝环边缘已瘢痕化，可将其削薄后用纽扣缝合；产生肠瘘者可做肠修补术或截断后做端端吻合术。

3. 术后护理：少喂少饮少运动，减小腹压，切忌奔跑；必要时做腹绷带；全身抗菌消炎。

二、腹股沟阴囊疝

俗称连肠蛋，在雄性猪、马、犬常见，偶见于母犬，公畜的腹股沟阴囊疝有遗传性。正常情况下，猪胎儿的睾丸在卵受精后 80～90 d 之间下降至腹股沟管的下方，在 100 d 或更迟些睾丸下降至阴囊内，再经过 10～15 d 或刚刚出生时睾丸达到完全发育，此时总鞘膜发育至足够抵抗一定的压力，至出生时或出生后，睾丸下降至阴囊，腹股沟管关闭。若腹股沟环过大，则容易发生疝。常在出生时发生（先天性腹股沟阴囊疝），或在出生几个月后发生，若非两侧同时发生则多半见于左侧。后天性腹股沟阴囊疝主要是腹压增高而引起的，如公马配种时，两前肢凌空，身体重心向后移，腹内压加大，有时发生腹股沟阴囊疝，还可发生于装蹄时保定失误，也是剧烈挣扎而加大腹内压力所引起。其分类包括：鞘膜内疝和鞘膜外疝；腹股沟疝和阴囊疝；可复性疝和嵌闭性疝；先天性疝和后天性疝。

1. 诊断要点：

（1）固定解剖部位，确定患侧。

（2）可否还纳，特别是嵌闭性腹股沟疝应与其他急腹症相区别。

（3）大动物可配合直检摸清内环并助拉（马三指以内为正常）。

（4）听诊肠鸣音，谨慎穿刺。

（5）触诊皮温及硬度。临床上也容易与马疝痛相混淆，在投给泻剂后使病情加重时更应考虑是否存在本病。

2. 治疗要点：适时手术，消除嵌闭，剥离粘连，截除坏死肠段吻合，先缝内环后缝外环；同时去势，免作种用。马、牛剖腹助纳。

三、外伤性腹壁疝

主要是强大的钝性暴力所引起。由于皮肤的韧性及弹性大，仍能保持其完整性，但皮下的腹肌或腱膜直至腹膜易被钝性暴力损伤。例如，动物倒于矮木桩上，被木桩顶伤。南方因被牛角抵撞而引起的疝较为多见。根据某兽医院 70 例马属动物腹部疝统计，腹壁疝 52 例，占 74%。其中因冲撞于矮木桩而发病的 20 例，占 38.5%；因牛角抵而形成的 12 例，占 23%。其次是因腹内压过大，如母畜妊娠后期或分娩过程中难产而强烈努责等引起。鹿、山羊常发生于抵角争斗之后。近年来波尔山羊等胚胎移植羊多见。

1. 诊断：外伤性腹壁疝的诊断可根据病史，受钝性暴力后突然出现柔软可缩性肿胀，触诊能摸到疝轮，听诊能听到肠蠕动音（如为肠管脱出），视诊时疝囊体积时大时小，有时甚至随着肠管的蠕动而忽高忽低。腹壁外伤性炎性肿胀有其发生规律，马属动物最为明显，一般在第3～5天达到最高潮，炎性肿胀常常妨碍触摸出疝的范围，更不易确定疝轮的方向与大小，因此诊断为腹壁疝时应慎重。有时还会误诊为淋巴外渗或腹壁脓肿。

淋巴外渗发生较慢，病程长，既不会发生疝痛症状，也不存在疝轮。靠近后方的肿胀可作直肠检查，从腹腔内探查腹壁有无损伤。凡存在疝轮的肯定是疝；体表炎性肿胀或穿刺出淋巴液，仅能证明腹肌受到损伤的同时淋巴管也发生断裂。曾有人报告乳牛由于腹直肌破裂而形成腹壁疝的同时并发脓肿。此外，还应与蜂窝织炎、肿瘤与血肿等进行区别诊断。注意病史和时间。

2.治疗：

(1)保守疗法：靠上方较小的可用特制压迫绷带。

(2)手术疗法：手术时间宜早，新鲜创易愈合，但急性炎症期不宜手术。新鲜创和陈旧创有异。大口可用双纽扣缝合，亦可垫以塑料网或钢丝网。疝环不易闭合时可用带蒂的浅筋膜修补。全身可按创伤及感染治疗。

四、会阴疝

腹膜及膀胱、子宫和小肠经直肠阴道（或膀胱）结缔组织凹陷突出至皮下。多见于水牛和猪，瘦弱及有习惯性阴道或直肠脱者易发。本病的病因较复杂，包括先天性、各种原因引起的盆腔肌无力和激素失调等。妊娠后期、难产、严重便秘、强烈努责或脱肛等情况下，常诱发本病。脱出通道可以为腹膜的直肠凹陷（雄性）、直肠子宫凹陷（雌性）或直肠周围的疏松结缔组织间隙。公犬前列腺肿大与会阴疝的发生有一定关系。瘦弱的动物，特别是发生习惯性阴道脱的动物易发生本病。

诊断治疗：凹腰反射时肿胀减小，配合直检、挤压排尿、听诊等诊断。保守疗法几乎无效，一般手术切开、缝合、填塞。

实习十八　肛门及肛周外科疾病的诊断与治疗技术

实习目的

通过实习，学习并掌握对患有肛门及肛周外科疾病的患病实验动物的诊断与治疗技术。

实习方法

先由教师结合理论课知识，讲解常见肛门及肛周外科疾病的诊断方法，重点讲解肛周肿瘤、肛周囊闭塞、直肠脱的诊断，再将学生分组进行实验动物的实际操作。

实习内容

- 肛周腺瘤的诊断与治疗技术
- 肛周囊闭塞的诊断与治疗技术
- 直肠脱的诊断与治疗技术

实习对象

兽医院就诊的患病犬。

实习材料与器械

一次性检查手套、石蜡油、听诊器、X 线机。

实习步骤

一、肛周腺瘤的诊断与治疗技术

1. 诊断：

(1)发病特征：肛周肿瘤在中年和老年的公犬中常见。可卡犬、比格犬、斗牛犬、萨摩耶犬比较容易发生。

(2)病史：肛周区域的肿瘤作为一种刺激，使动物表现舔、咬肛和里急后重。

(3)视诊：经常在肛周被毛稀疏的地方，发现多个肛周肿块。肿瘤的大小不同，可能有上皮覆盖，也可能有溃疡，质地较脆，并有广泛的根基。

(4)直肠检查：可探查到一些难以与正常肛周组织分辨的肿块，但并不是所有的触诊都可以检查到明显的肛周囊肿瘤。

(5)X线检查和超声波检查：对胸部和腹部进行X线检查，有利于确定疾病的进程。

2.治疗：对于肛周肿瘤，外科手术切除可以作为一种治疗方案。一般不涉及肛周囊的肛周肿块是肛周腺瘤，因此建议对患病动物施行去势术、切除小肿块，对复杂的或体积大的肿块进行活组织检查，如果组织学检查发现是恶性肿瘤，应该立即进行广泛性的手术切除。

二、肛周囊闭塞的诊断与治疗技术

肛周囊闭塞是由炎症、感染和导管阻塞所致的肛分泌物的异常堆积。

1.诊断：

(1)发病特征：无性别、年龄和品种差异，但小型犬和玩具犬多发。

(2)病史：一般会有肛周不适的反应，如疾走和舔、咬肛门等，肛门常排出恶臭味物质，有疼痛、反应敏感或行为异常等症状。

(3)体格检查：肛周囊炎的发生部位肿胀，有炎症。脓肿或损伤使肛周囊易破裂，在四点和八点方向发生瘘管。直肠检查时，肛周组织触诊可见肿大、坚实、偶有疼痛的肛周囊。肛周囊可能排出正常的分泌物(浆液、黏质、淡黄色液体)，也可能排出异常的分泌物(灰白色、带血、带脓、浑浊)。

2.治疗：可依据病症所处的阶段而区别给药。许多肛周囊病可以通过人工挤压(图18-1)、灌肠、抗生素、改变食物等措施进行治疗。肛周囊脓肿要刺破、引流、冲洗，同时全身应用抗生素。在药物治疗失败或怀疑有肿瘤发生时，要进行肛周囊切除术。

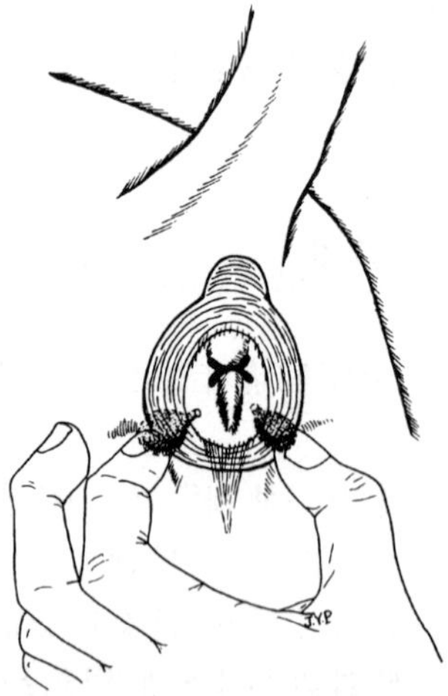

图18-1 清理肛门腺

三、直肠脱的诊断与治疗技术

1. 诊断：

(1)发病特征：一般在青年动物体内有寄生虫或发生肠炎、中老年动物患有肿瘤或会阴疝时，容易发生直肠脱。但是，许多引起里急后重的原因也容易引起直肠脱。

(2)体格检查：检查中可见明显的直肠黏膜脱出。脱出的数量可以从几毫米到比较严重的几厘米。

(3)X 线检查：可能有助于对产生直肠脱出的病因的判断。

(4)实验室检查：无特征性，但有助于判断病源及掌握动物的生理状况。寄生虫和急性肠炎在青年动物比较常见。

2. 治疗：对于急性脱出，只有少量组织损伤，推荐使用人工复位法(图 18-2)和肛周荷包缝合固定法(图 18-3)。慢性脱出则需要进行手术切除。

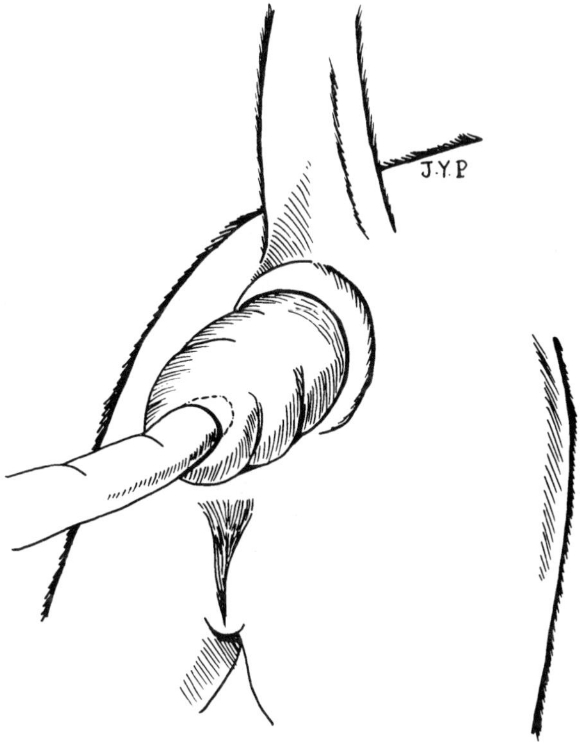

图 18-2　直肠脱人工复位法

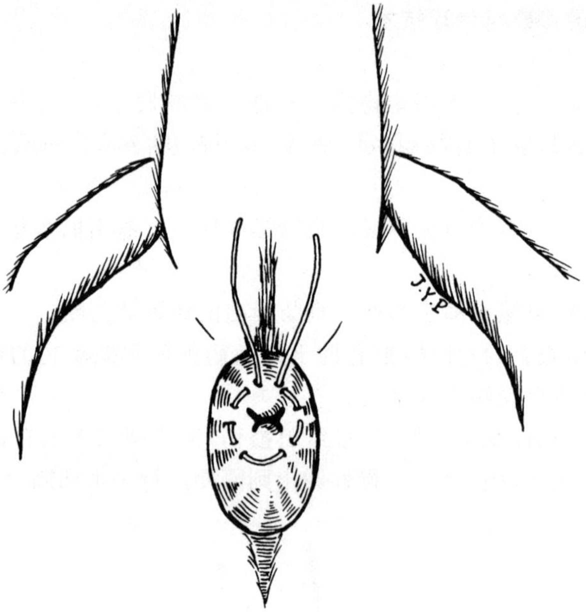

图 18-3　肛周荷包缝合固定法

实习十九　泌尿系统外科疾病的诊断与治疗技术

实习目的

通过实习，了解常见泌尿系统外科疾病的诊断与治疗技术。

实习方法

先由教师结合理论课知识，讲解常见泌尿系统外科疾病的诊断方法，再将学生分组进行实验动物的实际操作。

实习内容

- 泌尿系统检查法
- 泌尿系统疾病治疗技术

实习对象

成年实验犬。

实习材料与器械

导尿管、尿液收集纸杯、离心机、试纸条、显微镜、载玻片、盖玻片、尿折射仪。

实习步骤

一、泌尿系统检查法

1. 问诊：

(1)动物的排尿情况，包括尿量、排尿次数、尿色等。

(2)排尿时是否有疼痛表现？

(3)日常的饮食习惯如何？

(4)近日是否吃洋葱或某些引起犬中毒的药物？

(5)最后一次排尿时间距离现在多久？

(6)之前是否得过泌尿系统疾病？

2. 触诊：经过问诊，进行有目的的触诊。

(1)结石：泌尿系统结石的检查包括肾脏、输尿管、膀胱及尿道的结石。犬、猫的结石大部分位于膀胱和尿道内(图 19-1)。最常见的结石是鸟粪石。

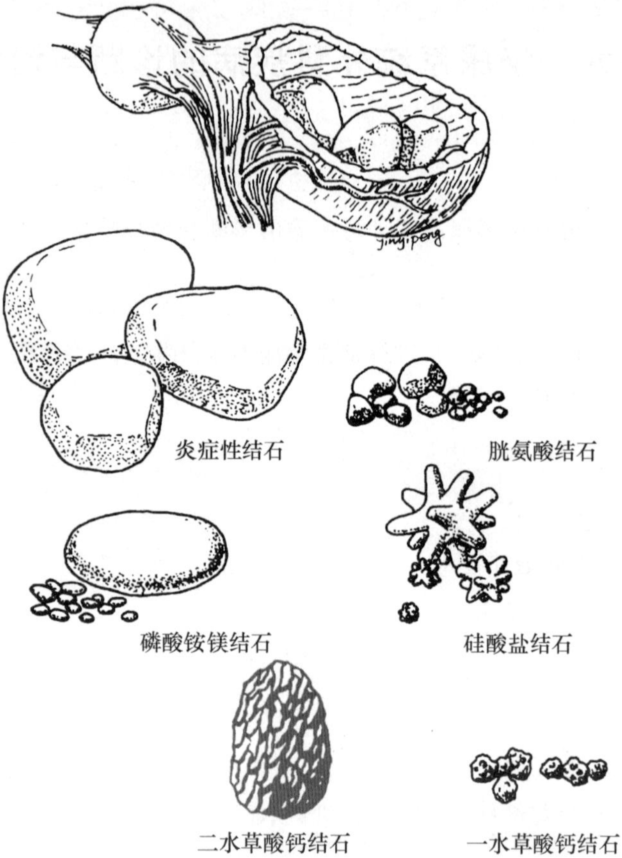

图 19-1 常见膀胱结石种类

A. 于久未排尿的犬，要着重对膀胱进行触诊。

B. 若触诊膀胱过度充盈，很有可能是尿道结石堵塞了尿路引起的。

C. 若触诊不到膀胱，则有可能是膀胱由于过度充盈而破裂。

D. 若为公犬，则可触诊尿道。尿道的结石(图 19-2)通常可以触诊到。

E. 若是膀胱内较大的结石，有时也可触诊到。

(2)膀胱破裂：膀胱破裂通常是由于外伤导致。种种原因引起的尿潴留使膀胱过度充盈，由于内压增高，受到直接或间接暴力的作用也可破裂。

A. 触诊通常摸不到膀胱。

B. 触诊腹底壁可能会有波动感。腹腔穿刺常有液体流出。

(3)肿瘤(以肾脏肿瘤为例)：肾脏原发性肿瘤在犬、猫不常见，但通常都是恶性肿瘤。患有原发性肾脏肿瘤的犬，有近 30%的情况都涉及两侧肾脏。肾

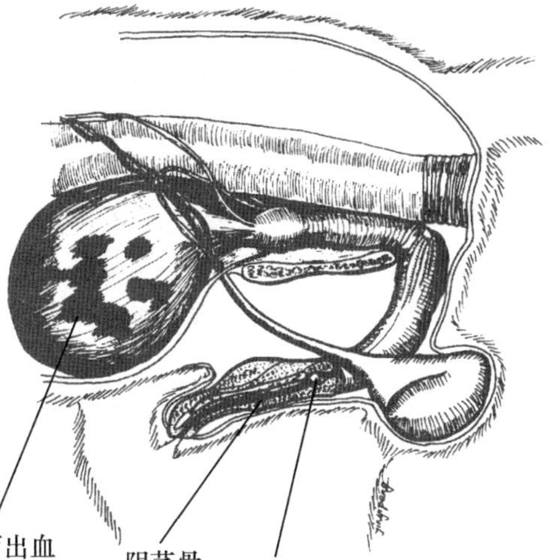

图 19-2　公犬尿道结石

脏肿瘤可以转移到肝、肾上腺、肺、淋巴结、骨骼和脑等位置。雄性动物肾脏肿瘤的发病率高于雌性动物，可能是激素诱导的结果。患有肾脏肿瘤的病例，可能同时伴有贫血。

A. 患有肾脏肿瘤的犬，会厌食、抑郁和体重下降。

B. 触诊通常能发现腹部团块，肾脏变大、变硬或者结节样。

3. 直肠检查：大动物可用直肠检查法触诊肾脏及膀胱。直肠触诊时如感到肾脏肿胀、体积增大、压之敏感，并有波动感，提示肾盂肾炎、肾盂积水、化脓性肾炎、肾脏及其周围组织发生化脓性感染、肾脓肿等。若肾脏质地坚硬、体积增大、表面粗糙，提示肾硬变、肾肿瘤、肾结核、肾结石。肾脏出现肿瘤时，触诊常呈菜花样。

4. 实验室检查：对于进一步确诊，实验室检查是非常必要的。主要包括尿液常规检查、尿液培养、肾功能检查等。

5. X 线检查：

(1)若泌尿系统有结石，通过 X 线检查通常是可以观察到的。通过 X 线片，可以初步获知结石的大小、数量、分布位置等。

(2)对于膀胱破裂的犬，X 线平片通常不易显影。需要进行阳性或阴性造影来确诊。

(3)对于肾脏肿瘤的犬，应该通过胸部 X 线检查来确定是否有肺转移灶和骨肥大发生。

6. B超检查：

(1)对于一些细沙样的结石，触诊很难触摸到。X线片不易显影。此时，需要通过B超检查进一步确定。

(2)怀疑肾脏或膀胱肿瘤的犬，通常需要B超来进一步确诊。排泄性尿路造影术能确定肾脏肿瘤的位置并且可判定是否有薄壁组织牵连。

二、泌尿系统疾病治疗技术

1. 对于尿道结石堵塞的犬，应进行尿道插管，尽量将尿道内结石冲回膀胱，进行导尿。

2. 若尿道结石很难冲洗回膀胱，则应考虑进行膀胱穿刺术，防止膀胱进一步充盈而破裂。

3. 对于泌尿道结石，通常在患病动物情况稳定后，进行手术治疗。

4. 对于膀胱破裂的犬，在患病动物情况比较稳定的情况下，应尽快进行手术。

5. 患有肾脏肿瘤的动物，如果出现肾衰竭或严重贫血，手术前有必要进行药物治疗。如果是恶性的并且没有转移的迹象，提示需要进行肾切除术。若已出现典型的转移灶，不建议进行手术，可以进行辅助性化疗。

实习注意事项

对于膀胱过度充盈的犬，触诊切忌过于用力，防止人为导致膀胱破裂。

实习二十　生殖系统外科疾病的诊断与治疗技术

实习目的

通过实习，了解常见生殖系统外科疾病的诊断与治疗技术。

实习方法

先由教师结合理论课知识，讲解常见生殖系统外科疾病的诊断方法，再将学生分组进行实验动物的实际操作。

实习内容

➢ 常见生殖系统外科疾病的检查技术

实习对象

雄性与雌性成年实验犬。

实习材料与器械

一次性橡胶手套、润滑剂、无菌棉签、显微镜、载玻片、盖玻片、阴道开张器。

实习步骤

雄性生殖系统主要包括睾丸、阴茎和前列腺。雌性生殖系统主要包括卵巢、输卵管、子宫、阴道、阴门、乳腺等。

1.问诊：

(1)动物年龄？是否绝育？

(2)近期有没有发情？持续多久？

(3)是否生育过？

(4)有无血尿？

2.视诊及触诊：通过视诊及触诊可对公犬及母犬的外生殖器及乳腺进行检查。

(1)公犬：

A.阴囊和睾丸：主要注意阴囊、睾丸的大小、形状，是否肿胀，有无分泌物，有无热痛反应。检查是否有隐睾等。

B.阴茎和包皮：可以检查包皮是否有外伤，是否有嵌顿性包茎等。

C. 通过直检可探查前列腺的大小。

(2)母犬:

A. 阴门及分泌物:注意观察阴门是否有肿胀,阴门是否有分泌物流出,阴道黏膜的颜色、湿度,是否有肿物或损伤。

B. 当阴道和子宫脱出时,可见阴门外有脱垂的阴道和子宫。

C. 母牛胎衣不下时,可见阴门外悬挂着部分胎衣。

D. 子宫:若视诊腹部膨大,触诊到腹腔内腔性器官并有一定波动感,则有可能是子宫蓄脓或积液。

E. 乳腺:注意乳房的大小、形状、皮肤的颜色,有无外伤、疹疮或肿瘤,温度、硬度及热、痛反应等。同时注意乳腺淋巴结的检查。

实习二十一　跛行的诊断

实习目的

通过实习，了解跛行的定义与分类，跛行程度的判定标准，掌握马属动物跛行的一般诊断程序以及各种表现所提示的疾病。

实习方法

教师示范对患病动物的问诊、视诊、触诊、测诊等检查，使学生熟悉和掌握马属动物跛行诊断的方法。

实习内容

➢ 跛行诊断的常用检查方法

实习对象

马、驴。

实习材料与器械

软尺、便携式X线机、B超仪。

实习步骤

1. 问诊：了解动物的饲养、管理和使役情况；了解发病时间、用药史、所用药物是否有效；了解动物是否受过伤以及当时的情况；了解动物跛行什么时候最为严重、何时轻微以及跛行是否曾经消失；了解同群动物是否有类似情况发生；对于钉掌的动物还要了解钉掌与跛行发生的时间关系。

2. 视诊：用于确定患肢和判断发病的部位，包括驻立视诊和运步视诊两部分。

(1)驻立视诊：从动物的侧前方开始，绕动物一周，观察动物的营养状况，被毛情况，躺卧和站立姿势有无异常。按照从头到尾、从上到下的顺序观察各部位。比较同一部位有无异常；观察被毛有无倒立；局部轮廓是否正常；肌肉走向有无异常；局部有无肿胀、萎缩；动物有无减负体重或免负体重情况；相邻的两肢有无交替负重和交叉负重。如果发现某一肢有问题，要确定该肢有无伸长、缩短、内收、外展、前踏、后踏等异常。观察蹄形和蹄铁的磨损情况。

(2)运步视诊:若驻立视诊不能确诊,则需检查点头运动、尻部运动、转圈运动、回转运动、负重运动、软硬地运动、上下坡运动等。

3.触诊:主要包括两部分内容:对肌肉和腱进行按压和滑擦,感觉有无肿胀,是否敏感,有无温热,对于局部的肿胀要感知其波动性;对于关节进行被动运动(髋关节和膝关节除外),对于关节囊的肿胀感知其波动性,有无关节积液,与关节相关的肌群有无震颤、强力收缩等反应。

4.测诊:用软尺对可能的患病部位的周长进行测量,如跗关节、腕关节;还可对两解剖部位的距离进行测量,如髋结节至坐骨结节,髋结节至荐结节等。

5.直肠检查:若怀疑有髋关节或骨盆骨折时,必须做此项检查。检查者将手探入直肠,助手协助活动患肢,检查患肢是否有捻发音出现。

6.实验室检查:针对关节、腱鞘以及波动性肿物的抽出液进行检查,判断发病性质。

7.外周神经的麻醉诊断:把一定浓度的局麻药注射到神经干周围、关节囊内、腱鞘内或痛点周围,从蹄冠上方开始逐节向上注射,若麻醉后运步正常则病变部位在注射点的下方。

8.影像学检查:分为X线检查、B超检查和关节内窥镜检查。X线检查普遍应用于蹄部、骨骼以及关节的检查;B超常用于关节疾病的检查;关节内窥镜仅限于检查活动性较大的关节,动物要在全身麻醉下进行检查并严格执行无菌操作。

实习注意事项

1.了解常见的马属动物保定方法,在教师的指导下完成各检查步骤,确保实习操作的安全。

2.采用外周神经的麻醉诊断时,要确保在麻醉药到达起效时间后再行观察诊断。

3.肢的任何部位发生问题都可表现为蹄尖着地负重,不可误诊为蹄底有问题。

实习二十二　正常马、牛健康蹄与病患蹄的认知

实习目的

通过实习，认识和掌握马、牛健康蹄与病患蹄的蹄形及其特征。

实习方法

教师讲解马、牛蹄的解剖结构和功能，学生结合病例与标本，认知马、牛健康蹄和常见变形蹄的蹄形及其特征。

实习内容

- 马、牛蹄的解剖结构和功能
- 马、牛健康蹄和常见变形蹄的蹄形及其特征

实习对象

马、牛与标本模型。

实习材料与器械

健康马、牛的正常蹄或正常蹄的模型；马、牛的变形蹄或变形蹄的模型。保定架一套，牛鼻钳一个，耳夹子一个。

实习基础知识

一、马、牛蹄的解剖结构和功能

1. 马蹄的解剖结构和功能。

蹄对于马支撑体重和运步都非常重要。蹄为很好的缓冲装置，蹄内有丰富的血管网，可在蹄活动时，被动地促进机体的血液循环。

马前蹄为钝卵圆形，最大横径在中部。后蹄呈尖卵圆形，最大横径在蹄后 1/3 的前界线上。前蹄角度为 50°～55°，后蹄角度为 55°～60°。

第二指（趾）骨下端、第三指（趾）骨、远籽骨（舟状骨）组成蹄的基础。在蹄内由第二指（趾）骨下端和第三指（趾）骨上端形成蹄关节，远籽骨位于第三指（趾）骨后上缘，参与蹄关节的构成。指（趾）伸腱抵于蹄骨的伸肌突，深屈腱通过远籽骨抵于蹄骨的屈肌面，在腱和远籽骨之间形成滑膜囊（图 22-1）。

蹄软骨和指(趾)枕是蹄内重要的缓冲装置。蹄软骨位于蹄骨后上方两侧,突出于蹄踵壁蹄冠的上方。指(趾)枕为楔形,位于蹄骨的后下方,上面靠深屈腱,下面为肉叉,后部膨大部为蹄球的基础。

蹄外面由角质组成,叫蹄匣,起保护蹄内组织的作用。

蹄分为蹄缘、蹄冠、蹄壁、蹄底和蹄叉。

(1)蹄缘:为蹄与皮肤相连的无毛部分,宽 0.5～0.6 cm。

(2)蹄冠:紧接蹄缘下方,蹄冠直接转为蹄壁。

(3)蹄壁:分为蹄尖壁、蹄侧壁、蹄踵壁。蹄负缘在蹄后部形成蹄支,为蹄后部支柱,能防止蹄踵狭窄和压开,蹄支的折转部为蹄支角。蹄壁内面有许多小叶,叫角小叶,这些角小叶与真皮的肉小叶嵌合在一起。

(4)蹄底(图 22-2):蹄下面蹄踵之间,除蹄叉外,即为蹄底。蹄底有一定的穹窿度,前蹄穹窿度较小,后蹄较大,如穹窿度消失,和蹄负缘一致时称为平蹄,突出于蹄负缘称为丰蹄。

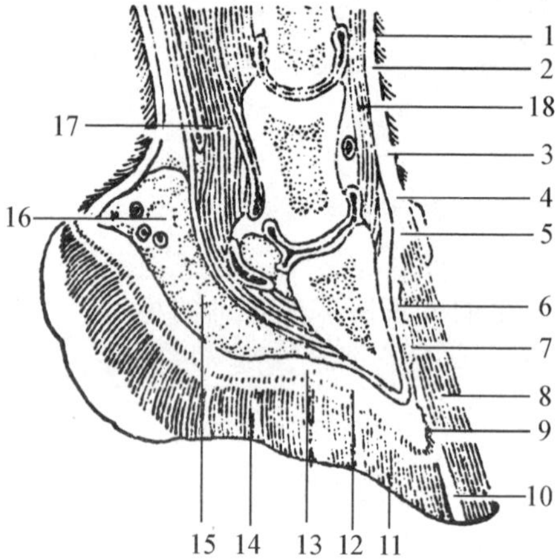

1. 表皮 2、3. 真皮 4. 肉缘 5. 肉冠 6. 肉壁 7. 肉小叶 8. 蹄壁 9. 角小叶 10. 白线 11. 蹄底 12. 肉底 13. 肉叉 14. 蹄叉 15、16. 指(趾)枕 17. 屈肌腱 18. 伸肌腱

图 22-1 蹄纵断面模式图

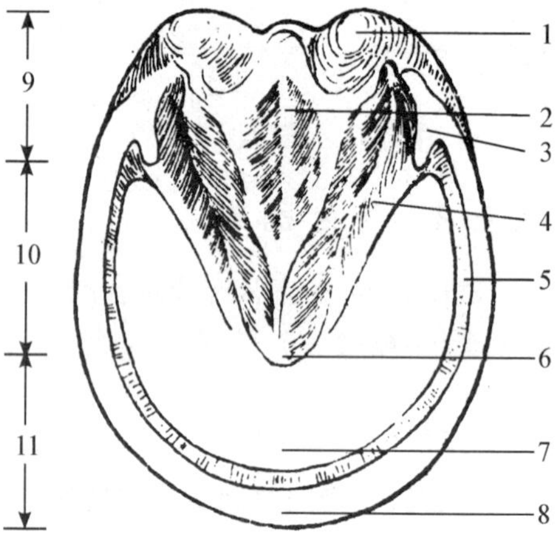

1. 蹄踵 2. 蹄叉中沟 3. 蹄支角 4. 蹄叉侧沟 5. 白线 6. 蹄叉尖 7. 蹄底 8. 蹄负缘 9. 蹄踵壁 10. 蹄侧壁 11. 蹄尖壁

图 22-2 蹄底结构

(5)蹄叉:在蹄支与蹄底之间,为楔状的软角质,在蹄叉的中央纵沟叫蹄叉中沟,在蹄叉与蹄支之间的深沟叫蹄叉侧沟,蹄叉的前端叫蹄叉尖,由蹄叉中沟前端至蹄叉尖叫蹄叉体。蹄叉可缓冲地面的反冲力,并可预防滑走和蹄踵狭窄,对蹄机有重要作用。

蹄壁和蹄底之间相连接的黄白线,叫做白线,也是由软角质组成的。从白线可看出蹄壁的厚薄，是装蹄下钉的部位。

蹄缘相对的真皮叫肉缘，为扁平带状部，上方与皮肤的界线不明显，下方与肉冠的界线因有肉冠沟很易识别，生长于蹄壁的外层。

蹄冠相对部位的真皮叫肉冠，位于肉缘和肉壁之间，为隆起的环状带状部，生长于蹄壁的中层。

蹄壁相对部位的真皮叫肉壁，表面排列约600个肉小叶，与相对的角小叶相嵌合。

蹄底相对部位的真皮叫肉底，具有无数的绒毛，生长蹄底的角质。

蹄叉相对部位的真皮叫肉叉，表面也有无数的小绒毛，生长蹄叉的角质。

蹄角质不断由上向下生长，一般每月生长约8 mm，由于某种原因，使各部分角质生长速度不一致时，即可变成变形蹄。适当的护蹄和运动能促进角质的生长；而护蹄不良、装蹄失宜、改装期延迟及运动不足，均能妨碍生长；其他如年龄、饲料、土壤、季节、健康状况等都与角质生长有关。

蹄角质各部的更新期为：蹄尖壁10～12个月，蹄侧壁6～8个月，蹄踵壁4～5个月，蹄底及蹄叉2～3个月。蹄壁面随蹄壁的生长可见横的细沟及隆起，叫做蹄轮。

(6)蹄机：由于负重而使缓冲装置发生伸缩，引起蹄后部的开闭，即蹄后部负重时开张，离开地面时又恢复原形，这种开闭运动就叫做蹄机。其作用有以下三点：促进蹄部的血液循环；缓和对肢蹄的震荡及防滑；使肢蹄关节伸屈灵活，运步轻快。

(7)蹄坐：蹄坐为马蹄踏着及负重状态的总称（图22-3至图22-5）。马蹄为支撑马体的基础，要经常保持良好的蹄坐。蹄坐正常，蹄骨在蹄匣内居于自然的状态。所以在削蹄时，必须改正失常的蹄坐，使蹄坐发挥正常的作用。

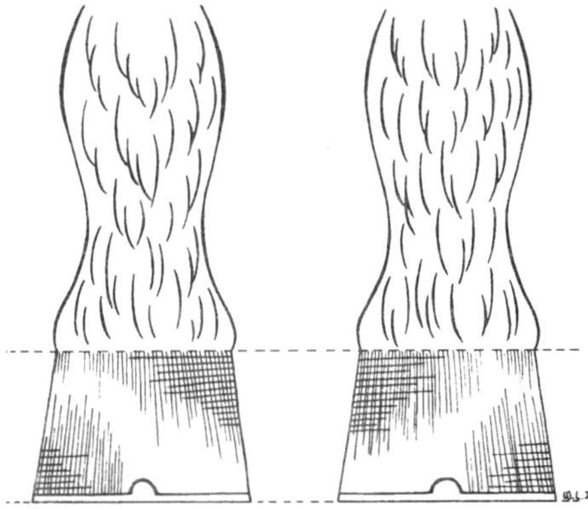

图22-3　正常蹄负重状态(前望)

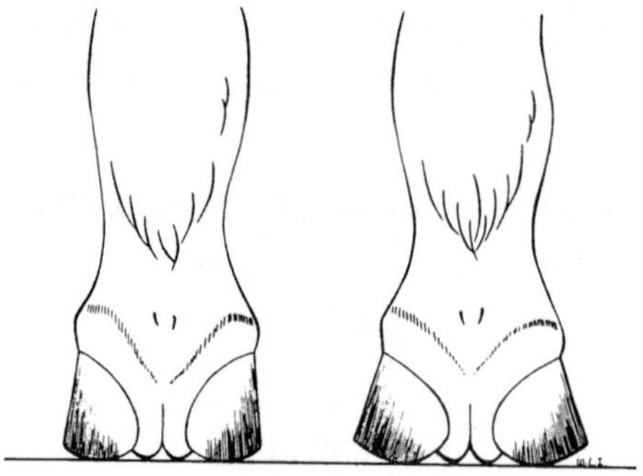

图 22-4　正常蹄负重状态(后望)

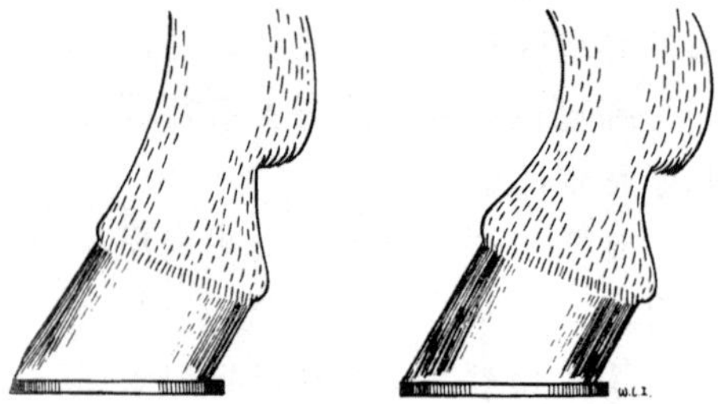

图 22-5　正常蹄负重状态(侧望)

2. 牛蹄的解剖结构和功能。

牛属于四指(趾)兽,Ⅲ、Ⅳ指(趾)为功能指(趾),与地面接触担负体重,称为主蹄;而Ⅱ、Ⅴ指(趾)虽然存留下来,但是没有功能,称为副指(趾)或悬蹄。Ⅲ和Ⅳ指(趾)在上部连起来成为所谓偶蹄的形式。每个肢分为内侧指(趾)和外侧指(趾),内外侧指(趾)之间形成指(趾)间隙。

每个指(趾)的末端形成蹄。前蹄底面的长度比后蹄略长,宽度也略宽。蹄的角度,前蹄比后蹄大,前肢的两内侧蹄大于两外侧蹄,但后肢的两外侧蹄又大于两内侧蹄。

每个蹄的组成部分与马蹄相似,但牛没有蹄软骨,也没有蹄叉。

指(趾)间隙:长约 7 cm,前宽后窄,前面宽约 1 cm。指(趾)间隙皮肤厚 4 mm,没有被毛,真皮内弹力纤维也少,皮下组织疏松。不负重时,指(趾)间隙皮肤形成纵的皱褶;负重时,皮肤可展平。指(趾)间隙与地面呈倾斜状态,前面离地面约 5 cm,后面离地面约 3 cm。

蹄匣:分为壁、底和球部,都由角质组成,是皮肤表皮层的变体(图 22-6)。壁分为远轴侧面和轴侧面,两者在前面相接处,为明显的背侧缘。壁角质和球角质形成远轴侧沟和轴侧沟。底是指蹄下面靠近"蹄尖"的一个小三角区域。壁和底连接处为白线。球由角质组成,但质度比壁和底软,蹄下面后 1/2 都是球部。在正常牛,底的远侧面稍凹,主要由球部和远轴侧壁负重。

相关的真皮位于蹄匣内各个部分,它也是皮肤真皮的变体(图 22-6)。真皮小叶不像马那样有次小叶。

在一般正常饲养管理条件下,运动适宜的蹄生长速度,每月平均为 6 mm,但品种、年龄、性别、饲料、健康状况、土质、温度、湿度、地形和舍饲或放牧等条件对蹄角质生长都有影响。

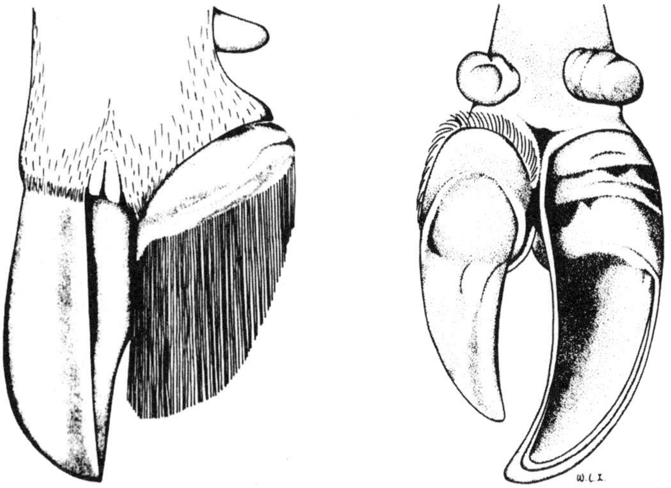

图 22-6　牛蹄角质及真皮

牛的蹄机：牛因是偶蹄，两蹄之间有间隙，当受到体重的压力时，可以自然开张，能缓冲地面对肢蹄的震荡；扩大与地面的接触面积，防止滑动；以及使肢部的关节伸屈灵活，从而保护肢蹄的骨骼、关节及韧带少受或不受损伤；也可促进蹄内的血液循环，保证蹄部组织营养的供应。另外，其踏着确实，运动灵活；较少发生肢部骨骼、关节和肌腱疾病及变形蹄；但对蹄的深部组织的保护机能较差。

二、马、牛蹄的蹄形及其特征

蹄的外形就是"蹄形"。驹的蹄形不固定，新生驹的蹄前壁和蹄踵壁几乎同高，蹄冠比蹄负面广，以后逐渐改变，到 5 岁时才能定形。蹄形分正蹄形（健康蹄蹄形）和不正蹄形（变形蹄蹄形）。

1. 马健康蹄的蹄形及其特征。

马的前蹄大，后蹄小，好像从中间切断的鸡蛋，大头类似前蹄，尖头类似后蹄。

前蹄：蹄冠和蹄球内外侧距地面的高度相等，蹄球大小相同；蹄尖壁与水平面成 50°～55°角；蹄尖壁中央的长度，约为蹄踵壁后缘长度的 2.5 倍；蹄负面的形状呈钝卵圆形，横径最广部在蹄底面中央，蹄底穹窿度较小，蹄叉中沟及侧沟稍广而浅（图 22-7 和图 22-8）。

后蹄：蹄冠和蹄球内外侧距地面的高度相等，蹄球大小相同；蹄尖壁与水平面成 55°～60°角；蹄尖壁中央的长度，约为蹄踵壁后缘长度的 2 倍；蹄负面的形状呈尖卵圆形，横径最广部在蹄底面后 1/3 的前界线上，蹄底穹窿度较大，蹄叉中沟及侧沟稍狭而深（图 22-7 和图 22-8）。

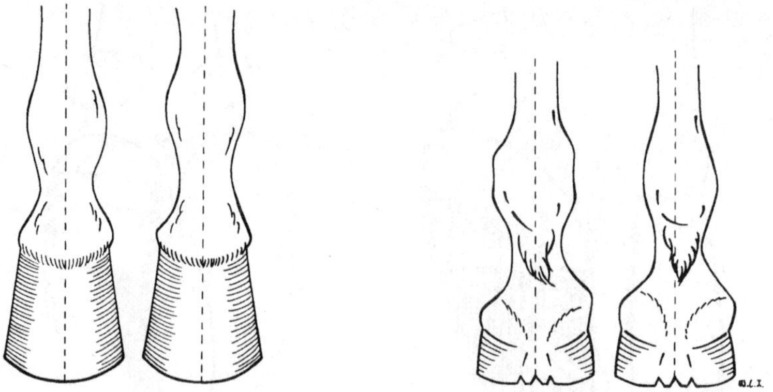

图 22-7 前蹄正蹄形的前望和后望

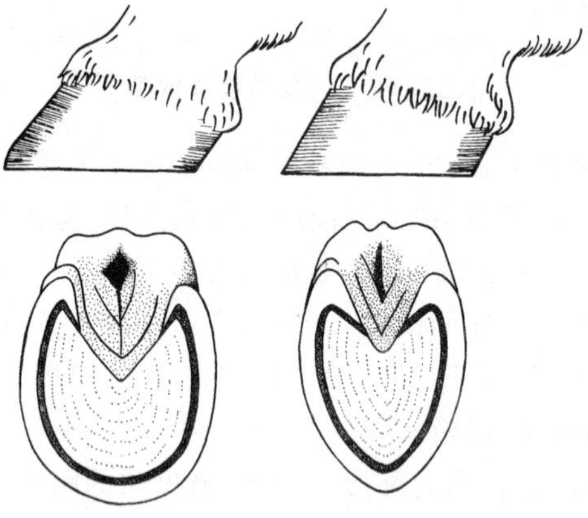

图 22-8 前、后蹄正蹄形的侧面和底面

健康蹄的标志：

(1)左右蹄的大小、长度及角度基本相同。

(2)蹄冠的内外侧同高,蹄冠的隆起均等而有弹力,没有裂痕及冠毛逆立等现象。

(3)蹄壁的表面平滑,富有光泽,蹄漆完整,角细管的方向正直,没有缺损、裂缝及凹凸不平现象。

(4)蹄支发育良好,方向正确。

(5)白线明显,没有腐蚀、崩裂及空洞等现象。

(6)蹄底呈固有的穹窿度,角质无崩裂,没有赤色或黄褐色的血斑或缺损等。

(7)蹄叉的发育、形状良好,富有弹力,中沟及侧沟深广适度,没有龟裂、剥离、腐败和分解等状态。

(8)蹄球内、外同高，形状相同，富有弹力，无裂痕。

(9)蹄侧软骨富有弹力，无骨化及硬变现象，并且内侧与外侧形状相同。

(10)蹄的各部没有增温及疼痛等失常的现象。

(11)蹄踵壁、蹄侧壁与蹄尖壁长度（高距）的比例，前蹄约为 2∶3∶5，后蹄约为 2∶3∶4。

2.马变形蹄的蹄形及其特征。

正常肢势必然出现正常蹄形，但由于肢势的不同，也会发生不同的蹄形。幼驹的蹄，在生长发育时与体重、地质、肢势、疾病及护蹄等有关系，而蹄形的状态也有不同。按蹄负面广狭不同分为“广蹄”和“狭蹄”；按蹄踵高低不同分为“高蹄”和“低蹄”；按蹄内侧壁或外侧壁长短不同分为“内狭蹄”和“外狭蹄”；按蹄前壁指向内方或外方分为“内向蹄”和“外向蹄”；以及疾病造成的“芜蹄”和“滚蹄”等。马在满 5 岁时，生长发育完成，蹄形也随之固定下来。

广蹄：蹄形广大，蹄壁较厚、倾斜较缓，负面弯曲度大，几乎呈圆形；蹄叉较大，蹄叉中沟、侧沟及蹄底穹窿度较浅，蹄角质较软，缺乏抵抗力（图 22-9）。

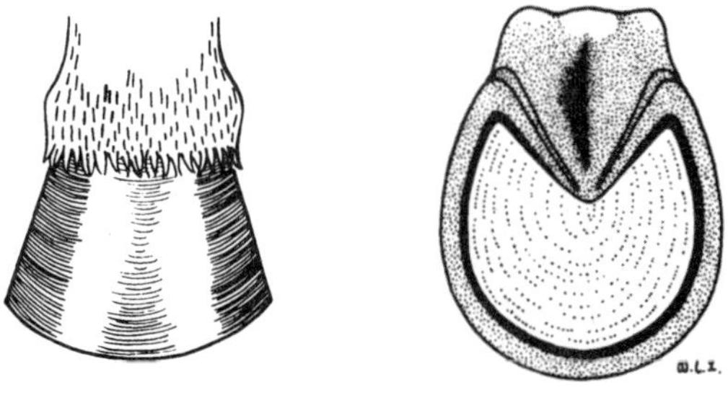

图 22-9　广蹄蹄尖壁与底面

狭蹄：蹄形狭窄，蹄壁较薄、倾斜较急，负面弯曲度小，几乎呈椭圆形；蹄叉较小，蹄叉中沟、侧沟及蹄底穹窿度较深，蹄角质坚硬（图 22-10）。

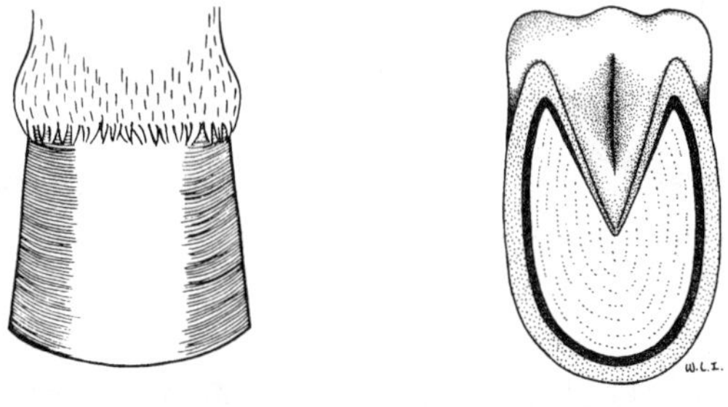

图 22-10　狭蹄蹄尖壁与底面

高蹄：蹄尖壁及两侧蹄壁倾斜度均急、短而薄，蹄踵壁较长而高，蹄叉稍细，蹄底穹窿度深，易发生蹄踵狭窄及举踵蹄（图 22-11）。其中又有熊脚蹄（卧系高蹄）（图 22-12）和山羊蹄（起系高蹄）（图 22-13）。熊脚蹄为高蹄的一种，与普通高蹄不同，蹄尖的发育比蹄踵稍好，蹄冠缘至后方下垂，蹄前壁的蹄轮分散，蹄踵开离，蹄叉大，蹄底穹窿深，多为先天性的。山羊蹄也是高蹄的一种，蹄尖壁短，蹄踵高，蹄叉间前方的蹄底穹窿深。

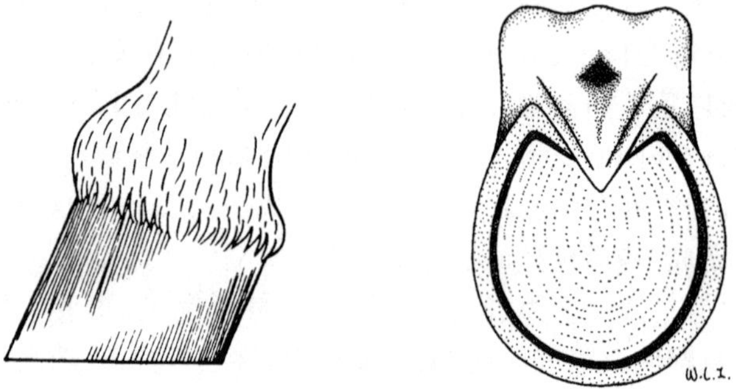

图 22-11　高蹄的侧面和底面观

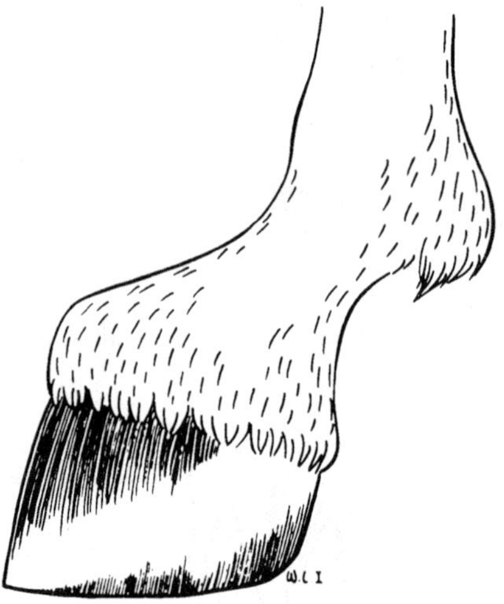

图 22-12　熊脚蹄

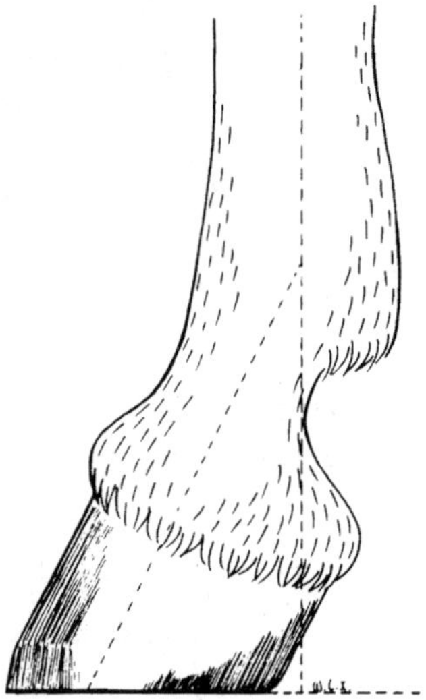

图 22-13　山羊蹄

低蹄：蹄尖壁的倾斜缓、长而厚，蹄踵壁短而薄，蹄叉长而大，蹄底穹窿度浅，易导致蹄踵狭窄和裂蹄（图 22-14 和图 22-15）。

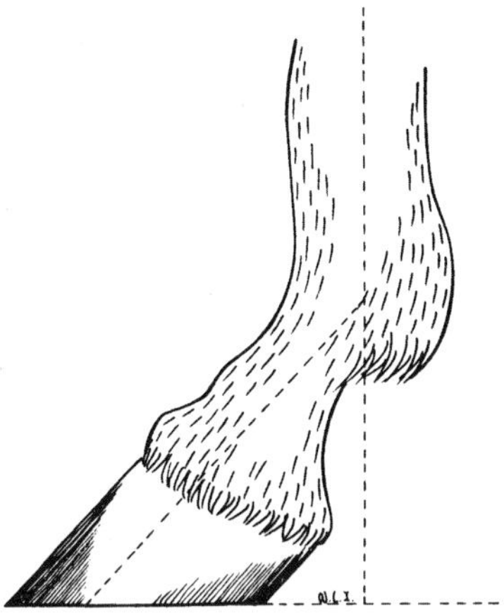

图 22-14　低蹄卧系

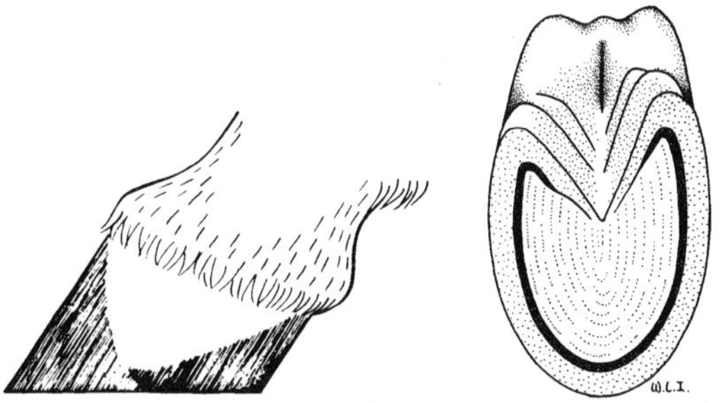

图 22-15　低蹄的侧面和底面观

内狭蹄：蹄壁内侧倾斜急、短而薄；外侧倾斜缓、长而厚。蹄内侧负缘弯曲度小，外侧弯曲度大；蹄球内侧比外侧小（图 22-16）。

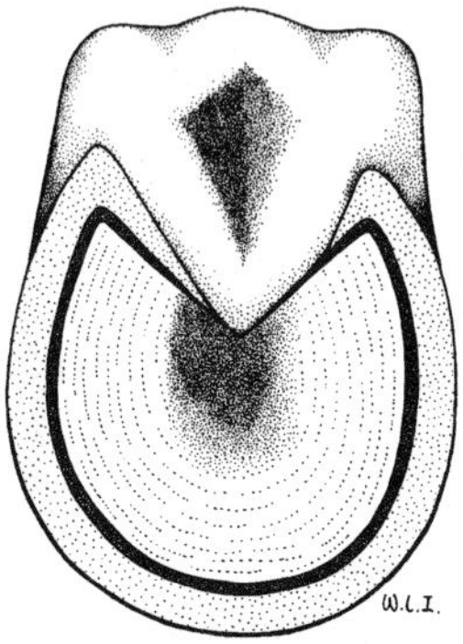

图 22-16　内狭蹄底面（右前蹄）

外狭蹄：蹄壁外侧倾斜急、短而薄；内侧倾斜缓、长而厚。蹄外侧负缘弯曲度小，内侧弯曲度大；蹄球外侧比内侧小（图 22-17）。

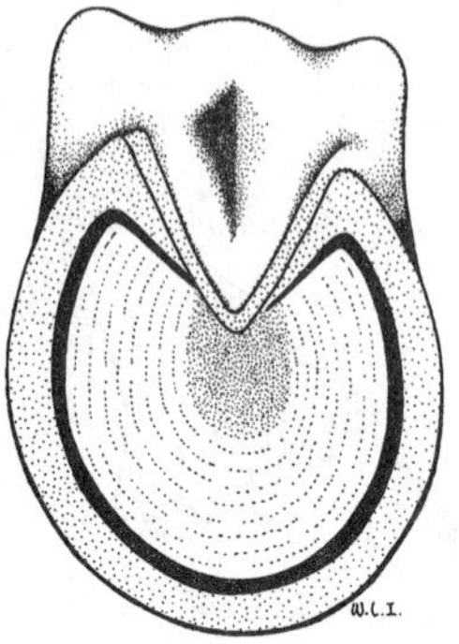

图 22-17 外狭蹄底面（右前蹄）

内向蹄：内蹄尖壁与外蹄踵壁倾斜急、短而薄，负面的弧形小，外蹄尖壁和内蹄踵壁倾斜缓、长而厚，负面的弧形大（图 22-18 和图 22-19）。

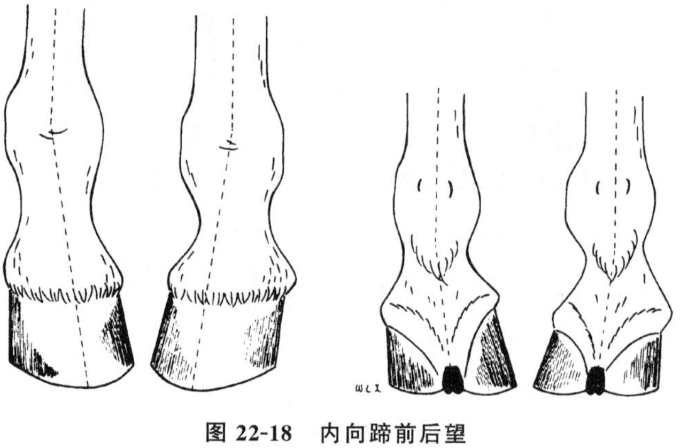

图 22-18 内向蹄前后望

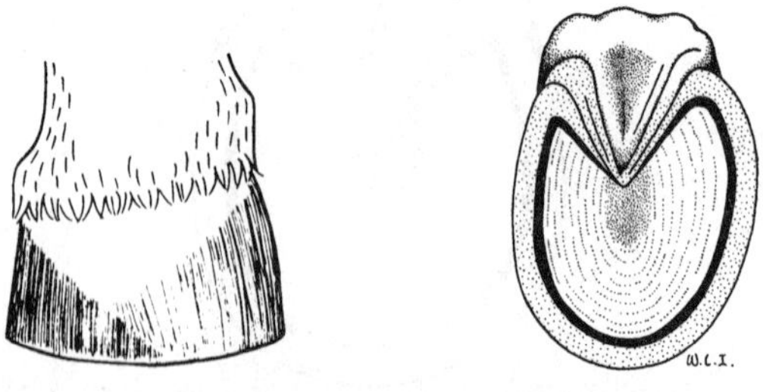

图 22-19 内向蹄蹄前面和底面

外向蹄：外蹄尖壁与内蹄踵壁倾斜急、短而薄，负面的弧形小，内蹄尖壁和外蹄踵壁倾斜缓、长而厚，负面的弧形大。内侧的蹄球比外侧的小(图 22-20 和图 22-21)。因体重偏压内蹄踵，易发生狭窄、举踵、裂蹄等。

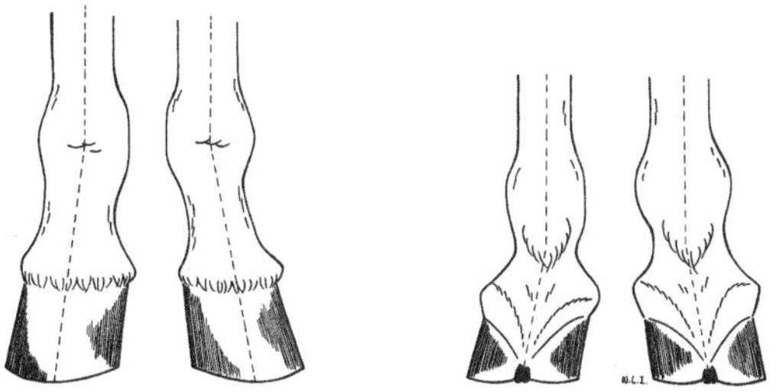

图 22-20　外向蹄前后望

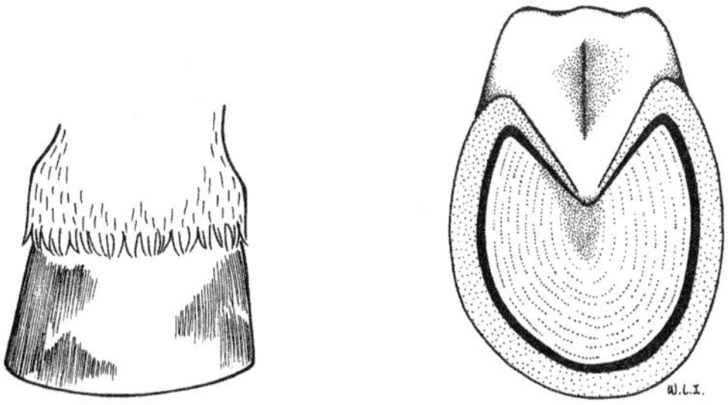

图 22-21　外向蹄蹄前面和底面

内向蹄及外向蹄虽内外方向不同，但因两相对角部的蹄形发生类似的变化，可以共称对角蹄。

芜蹄：蹄尖壁上方的蹄冠部凹陷，而下部却凸隆或翘起，此部白线变宽。蹄尖壁的冠部蹄轮密集，而下部及蹄踵部的蹄轮远离。蹄踵高，蹄底下沉，蹄底体部的角质有时呈蜡黄色，甚至穿孔。步行困难，当蹄部着地负重时，蹄踵先着颇为明显。

滚蹄：蹄冠部向前方挺出，系部直立，甚至前倒，蹄尖壁的下缘接触地面，蹄底及负面朝向后方甚至上方，有的两蹄踵壁向外开张，蹄叉短而粗；蹄轮在蹄尖壁距离较远，蹄踵壁距离近；角细管随着蹄壁的方向，由前上方向后下方甚至转向后上方弯曲；严重的指(趾)关节发生弯曲。

3. 牛蹄的蹄形及其特征。

牛的蹄要求圆整，左右两分蹄应对称、紧凑，蹄质坚实。牛蹄变形基本有两种：一种是延蹄，一种是卷蹄，有的牛延蹄和卷蹄同时发生。卷蹄的特点：后蹄多发生在蹄的外侧趾，前蹄则多发生在内侧指，这与负重和肢势有关。后肢发生卷蹄时，外侧趾向内卷，严重时以蹄外侧壁着地，蹄尖向上翘；前肢发生卷蹄时，内侧指向内卷。延蹄特点：蹄壁延长，失去原来的蹄形和角度，有的变成高蹄，有的则向前延伸形成所谓"爬蹄"，角质可有不同程度的崩裂。由于蹄卷曲和伸延的结果，一蹄的两蹄尖有时交叉在一起，形成所谓"剪状蹄"，严重时叫"蟹蹄"。如蹄形不正、两分蹄松弛、蹄质脆弱等都有损蹄的负重、运步及牛的运动速度等。

实习步骤

1. 马的健康蹄的蹄形与变形蹄的蹄形认知实习。具体参见基础知识中二的1和2。

2. 牛的健康蹄的蹄形与变形蹄的蹄形认知实习。具体参见基础知识中二的3。

实习注意事项

1. 注意对健康马、牛蹄形的认识，同时注意与变形蹄的区别。

2. 注意每种变形蹄的各自特征。

实习二十三　蹄部绷带法

实习目的

通过实习，学习牛、马蹄部包扎的种类、方法、操作步骤和注意事项，掌握蹄绷带的适应症。

实习方法

通过教师示范，学生动手操作，掌握针对大动物的蹄部包扎技术要领。

实习内容

- 蹄绷带的种类
- 蹄部绷带包扎方法和操作步骤

实习对象

牛或马属动物。

实习材料与器械

0.1%新洁尔灭溶液、卷轴绷带、帆布套、内胎。

实习基础知识

一、蹄部绷带适应症

蹄部因直接与地面接触，所以蹄部的一切开放性损伤，都应使用蹄部绷带，以防污染及外部的刺激（图 23-1）。所用材料（包扎物）包括棉花、纱布、木棉、麻布绷带以及橡胶片、铁片等。直接与创伤接触的包扎材料应经过灭菌处理。

二、蹄部绷带包扎法

1. 全蹄绷带：缠绷带时应将患肢举起。开始缠绷带时要留出游离端 25 cm 以上，作为缠绕各圈的支点，并能使绷带具有适当的方向。缠绕时，游离端要由助手牵紧。游离端在缠绕固定绷带时，可做成牢固的结节。

绷带的头几圈缠在蹄冠上，然后将绷带由蹄踵部经蹄壁斜向蹄底，再重新反向蹄踵部，在此处绕过助手牵引的游离端，然后继续向相反的方向缠绕，也就是斜方向经过蹄底、蹄壁，再返回蹄踵部，绷带在此处再绕过游离端，并继续按同样的方式

图 23-1 蹄部绷带术适应症

以扇形缠于全蹄底和蹄壁。绷带缠完后，用两个绷带头在蹄侧或蹄踵部互相结扎，使结节不压迫蹄的损伤部。蹄冠部不应缠得过紧，以免妨碍蹄部正常的血液循环。

2. 结节绷带：当绷带缠绕蹄冠一圈时，要将游离端放在创伤的对侧，其余各圈可绕此端反复包扎。蹄冠部绷带可以缠在创伤对侧折转的环形绷带上。

3. 蹄底绷带蹄铁：带底垫的蹄铁都可以作为蹄底绷带蹄铁，以保护蹄底面的各种创伤。常用的为铁板蹄铁。先选好与患蹄相应大小的蹄铁，用薄铁板剪成与蹄铁外缘一致的形状，在蹄尾部留出 3～5 cm 的绷带，以便盖在两蹄球下方蹄踵壁上，防止秽物进入。使用时先将铁板放在蹄铁上面，用两个蹄钉在钉孔部固定住。蹄底面患部在处理后即可装钉。最后将铁板尾部向上贴附于蹄叉基底部（两蹄踵之间），但应注意不要压迫蹄球。

4. 蹄套：在不能装钉铁板蹄铁的情况下，可使用蹄套，能防止包扎物的损伤及粪尿的污染，但通风不良易导致感染，要注意及时更换绷带。蹄套的制作，可选用 3～5 mm 厚的橡胶片，也可用内胎或革皮，蹄套应比蹄形稍大，在上部剪出 4 个舌状片，在此部穿孔，用皮带将蹄套固定在蹄冠上方。

实习步骤

1. 清洗蹄部：徒手提举患蹄，冲洗患部。

2. 包扎蹄部：

（1）蹄包扎法：将绷带的起始部留出约 20 cm 作为缠绕的支点，在系部作环形包扎数圈后，绷带由一侧斜经蹄前壁向下，折过蹄尖经过蹄底至踵壁时与游离部扭缠，以反方向由另一侧斜经蹄前壁作经过蹄底的缠绕。同样操作至整个蹄底被包扎，最后与游离部打结，固定于系部（图 23-2）。

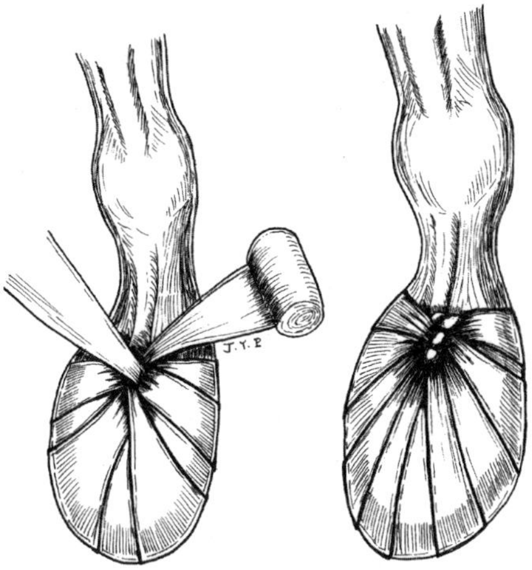

图 23-2　蹄包扎法

(2)蹄冠包扎法:包扎蹄冠时,将绷带两个游离端分别卷起,并以两头之间背部覆盖于患部,包扎蹄冠,使两头在患部对侧相遇,彼此扭缠,以反方向继续包扎,每次相遇均行相互缠绕,直至蹄冠完全被包扎为止,最后打结于蹄冠创伤的对侧(图 23-3)。

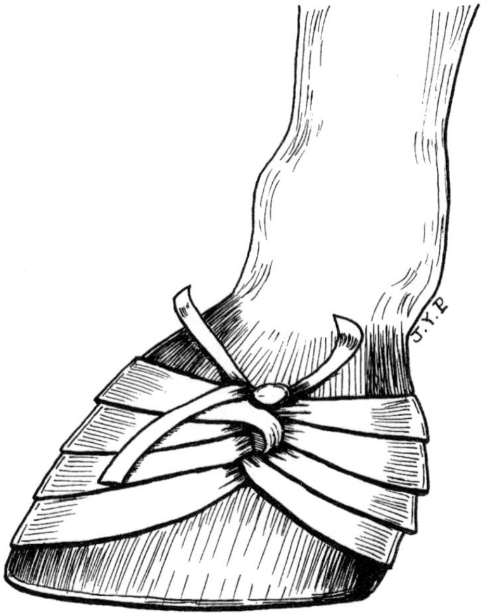

图 23-3　蹄冠包扎法

实习注意事项

1. 进行包扎时，保定要确实，特别是徒手提举患蹄，一定要注意防护。
2. 包扎要松紧适度，无菌操作，防止感染。

实习二十四　马蹄钉伤的临床诊断

实习目的

通过临床病例的实习，使学生掌握钉伤的概念、症状、诊治要点，使学生切实意识到钉伤预防工作的重要性。

实习方法

先由教师结合临床病例和临床经验讲解马蹄钉伤的诊断与治疗方法，然后学生分组进行实验动物的实际操作。

实习内容

➢ 蹄钉伤的诊断与治疗技术

实习对象

马蹄钉伤病例或人工制造的病例。

实习材料与器械

碘酊、高锰酸钾粉、2％～3％煤酚皂溶液、0.5％氨水、0.1％～0.2％高锰酸钾液、桉树叶煎剂、10％碘仿醚、碘仿磺胺粉、白芨/地榆/蒲黄/大黄混合粉、松馏油、磺胺类制剂或抗生素、破伤风类毒素或破伤风抗毒素。

实习基础知识

一、病因

1.削蹄时，蹄壁削得过短或将蹄壁下缘过度挫削。

2.蹄铁修配过狭，钉孔在白线的内方；下钉时钉尖偏内，或将钉刃放反；造钉节时，硬顶钉身断端、强打钉头而使钉身弯曲，压迫真皮。

3.蹄钉过粗或过软以及钉刃不明显等。

4.一侧蹄踵狭窄（一般是内侧蹄壁较薄而直立）、蹄形狭小或蹄壁缺损等，为发生蹄伤的因素。

二、症状

1.直接钉伤：通常在装蹄时即能发现。因为在下钉时，蹄钉刺伤蹄真皮，有的马、骡立即出现疼痛反应，有的在造钉节时出现疼痛反应。拔出蹄钉常附有血迹，或自钉孔流出血液。直接钉伤一般在装蹄后出现支跛，但也有的在拔出蹄钉后几天后才出现跛行。

2.间接钉伤：在装蹄的当时，马、骡多无疼痛，一般经2～3个月或更多的时间才出现跛行。初为无菌性蹄真皮炎，有时经1～2周后，转为化脓性炎症。因此，间接钉伤在炎性渗出物逐渐积聚而开始压迫真皮时，才出现跛行。

3.钉伤化脓时，跛行逐渐加重，蹄温升高，指（趾）动脉亢进，敲打钉节、钳夹发炎部位时，疼痛显著。患肢以健侧蹄负重。将发生钉伤的蹄钉拔出后，自钉孔流出浅灰色或黑色稀薄脓汁的，为表层化脓性蹄真皮炎；流出奶油样黄白色脓汁的，为深层化脓性真皮炎。拔出蹄钉后，也有的在钉面上附有脓液的痕迹。当脓汁向上蔓延时，在蹄冠部可发现炎性肿胀和脓肿，甚至破溃排出脓液。在蹄球和蹄冠部发生显著化脓性炎症时，体温升高。伤及深层组织（蹄骨、蹄软骨）的钉伤，炎性症状特别显著。

三、诊断

钉伤诊断时以病史、原因、症状为依据。如条件许可，借助X线透视后摄影，观察蹄钉之危害，以求确诊。

四、预后

直接钉伤，及时拔出蹄钉，预后良好。此时虽无炎性症状，但对病马仍应继续观察。无菌性或表层化脓性蹄真皮炎的钉伤，大多数预后良好。因为角小叶在某种程度上是防止渗出产物扩散蔓延的屏障，所以往往只能沿蹄钉通路发生局限性炎症。深层化脓性蹄真皮炎时，预后可疑。此时，病理过程仍有继续向邻近组织蔓延的可能性，易激发蹄冠蜂窝织炎、深屈腱坏死、蹄关节化脓性炎症等，甚至发生败血症。

五、预防

1.注意装蹄人员的训练，提高技术水平，加强工作的责任心。

2.装蹄前的检查，应注意蹄铁、蹄形及蹄钉。

3.仔细检查蹄底情况。

4.加强护理工作。

5.对于轻度的钉伤亦不应忽视，应及时给予合理的处理。

6.装蹄工作中，取下的旧蹄钉必须立即置于装蹄器械箱内，不容迟疑，否则将成为蹄伤的主要原因。

7.蹄铁一定要适合蹄形，钉孔要对准白线。

8.装蹄下钉时，要按照蹄壁倾斜度调整好钉尖的弯度。

9. 蹄壁过短、过薄或缺损时，要防止钉身向体内方弯曲，压迫真皮。

10. 装蹄、削蹄时，蹄叉不宜过削。这样，蹄在运步时有利于蹄机。要定期装蹄、削蹄，适当切削蹄负缘，装铁板蹄铁及橡胶蹄枕，或连尾蹄铁并装设橡胶踵，要让蹄叉在运步时负担一部分体重。要多铺清洁垫草，要有适当的运动，常轻刷蹄部。

实习步骤

对发生钉伤的患畜进行治疗处理。

1. 直接钉伤：钉伤发生时，应立即拔出蹄钉，向钉孔内灌注碘酊或填入高锰酸钾粉。一般不要在原钉孔下钉，但技术熟练的，也可在用药后变换钉尖方向，仍在原钉孔下钉。这样，可将原钉孔由中间截断，减少感染机会。

2. 间接钉伤：对新鲜的间接钉伤，将患蹄蹄钉拔出后，进行温蹄浴即可。

3. 已感染化脓的钉伤，应先拔出蹄钉，起掉蹄铁，然后用下列方法处置：防腐液泡蹄 30～60 min。常用的防腐液有 2%～3%煤酚皂溶液、0.5%氨水、0.1%～0.2%高锰酸钾液、桉树叶煎剂等。扩大钉孔，排除创液，削除坏死组织或与真皮分离的角质，用防腐液洗涤。向创内灌注 5%碘酊或 10%碘仿醚，也可以撒布 1∶9 的碘仿磺胺粉，或用等量的白芨、地榆、蒲黄、大黄混合粉外敷。装钉铁板蹄铁，或打蹄绷带，外涂松馏油，然后蜡封，以防粪尿污染。

4. 对体温增高、病情重剧的，应进行全身疗法，即应用磺胺类制剂或抗生素等。对未进行破伤风预防注射的，应注射破伤风类毒素或破伤风抗毒素。

实习注意事项

1. 对间接钉伤造成的化脓创，彻底排除脓汁，冲洗要干净。

2. 正确的修装蹄对减少蹄底钉伤尤为重要。

实习二十五　骨折的诊断

实习目的

通过实习，掌握骨折的概念、类型和诊断方法，了解各部位骨折的特点。

实习方法

以教师演示为主，学生操作为辅，对临床就诊骨折动物进行诊断与治疗的认知操作学习。

实习内容

- 骨折的诊断技术

实习对象

患犬数只，为临床就诊的四肢长骨骨折病例、骨盆骨折病例、脊柱骨折病例和下颌骨骨折病例，需在教学动物医院提前预约。人造病例仅限四肢长骨骨折病例，可在实习前一天对实验犬全身麻醉后制作桡尺骨远端和胫腓骨中段骨折模型；实习结束后制造的骨折模型留用，待绷带技术和外固定技术实习使用。

实习材料与器械

外科常规手术器械包，骨科开张器 1 个，拉钩 2 个，摆锯 1 个，无损伤可吸收缝线 2 根，气管插管 2 个，吸入麻醉设备，静脉留置针 2 个，丙泊酚和异氟烷适量，70％酒精棉球和 2％碘伏棉球若干，1 mL、2 mL 和 5 mL 注射器若干，伊丽莎白圈和保定带，抗生素等。

实习基础知识

由于外力的作用，使骨的完整性或连续性遭受机械破坏时称为骨折(图 25-1)。骨折的同时常伴有周围软组织不同程度的损伤，一般以血肿为主。各种动物均可发生骨折，常见牛、马等役畜的四肢长骨骨折，而车祸等常常造成犬的四肢骨、骨盆骨和脊柱骨折，下颌骨骨折也时有发生。大动物骨折的病因多数是偶发的损伤，主要与使役、饲养管理和保定不当等有关；猫的骨折多是从高楼摔下造成的，而犬的骨折与车祸、棍棒打击、从高处跳下等因素有关。

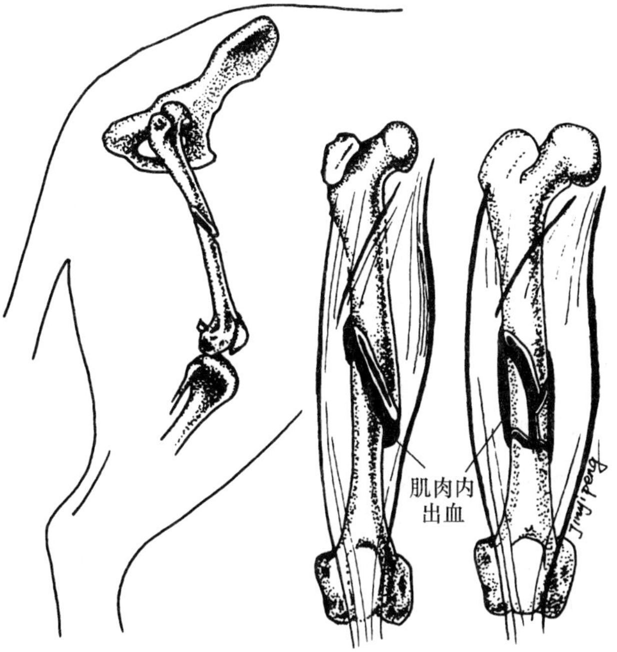

图 25-1　股骨骨折

一、骨折的分类

按骨折的病因可分为外伤性骨折和病理性骨折。外伤性骨折临床常见，常因车祸、高处跌落、外力打击、奔跑、急转急停等造成全身各部骨骼骨折和肌肉止点的撕脱性骨折；患有骨质疾病的骨常发病理性骨折，即使是遭受不大的外力也会造成骨折，如佝偻病、应力性钙丢失、严重的牙病和甲状旁腺机能亢进(橡皮颌)时的骨折。

按皮肤是否破损可分为闭合性骨折和开放性骨折。开放性骨折时，骨断端与外界相通，容易感染化脓和影响骨折愈合。

按有无合并损伤可分为单纯性骨折和复杂性骨折。复杂性骨折时并发邻近重要神经、血管、关节或器官的损伤，病情复杂，骨折诊断和治疗时需要考虑全身影响。

按骨折发生的解剖部位可分为骨干骨折和骨骺骨折。骨干骨折临床常见，相对骨骺骨折而言，固定简单，骨折愈合后对机体几乎没有影响；骨骺骨折多指幼年动物骨骺的骨折，在成年动物多为骨干两端的干骺端骨折，骨骺骨折因靠近末端，固定相对较难，即便正常愈合对患肢功能的影响也较大。

按骨损伤的程度和骨折形态可分为不全骨折和全骨折。不全骨折时，骨的连续性或完整性仅有部分中断;全骨折时,骨折处形成明显的骨折线,根据骨折线的方向不同,可分为横骨折、纵骨折、斜骨折、螺旋骨折、嵌入骨折、穿孔骨折等,如果骨离断成两段(块)以上,称粉碎性骨折,骨折线可呈 T、Y、V 形等,这些骨折难以复位或复位后不稳定,只能考虑内固定。

二、骨折的症状

因骨折的解剖部位各异,骨折的症状也有很大差异,一般包括肢体变形、异常活动、骨摩擦音与出血、肿胀、疼痛、功能障碍等,严重病例出现低血容量性或疼痛性休克等全身症状,陈旧病例也可能会表现沉郁、发热和感染的症状。

四肢骨骨折时常见肱骨骨干、肱骨髁、桡尺骨远端、股骨头和颈、股骨体、股骨远端和胫腓骨体骨折,赛犬也常见跗骨骨折,这些骨折症状明显易辨,很少表现全身症状或全身症状不明显,常见皮肤外伤、疼痛、患肢变形、负重不良或不负重等。

骨盆骨折时常见荐髂关节脱位与髂骨体、髋臼、耻骨和坐骨骨折,患病动物常表现类似后躯瘫痪的坐姿,多为闭合性骨折。骨盆骨折时,可能同时损伤膀胱、尿道和坐骨神经等,从而表现相关症状。部分病例可能不治自愈,但可能会造成骨盆的永久畸形,影响排便和分娩。

脊柱骨折临床不常见,多发生于车祸和高处跌落,同时伴有脊髓的不可逆损伤,严重影响患病动物的生活质量,是临床上安乐死的常见原因。

下颌骨骨折多发生于外伤和下颌骨的骨质疾病(如严重的牙病和甲状旁腺机能亢进),患病动物流涎、张嘴、下颌脱落、歪嘴或不能咬合等。

三、骨折的诊断

根据病史、症状和病部特征,骨折一般不难诊断;必要时,可用下列方法辅助检查。

1. X 线检查:X 线检查可以确定骨折的类型、程度,可辅助骨折的复位固定和观察骨折的愈合过程,也能与关节损伤鉴别诊断。骨折的基本 X 线表现为骨折线、骨变形和软组织肿胀。

骨折病例在进行 X 线检查时,一定要注意不能加重骨折的程度,必要时将患病部位保定稳妥后检查,疼痛严重的病例可在镇静或麻醉后进行。检查要点如下:

(1)X 线摄影的范围至少包括一个邻近的关节,以便确定骨折部位。

(2)必须同时拍摄正、侧两个方位,必要时加拍斜位或对侧健肢相同摆位比较。

(3)轻微骨折的病例,注意调整 X 线中心束与骨折线的角度。X 线与骨折线完全垂直时,可能显示不出骨折线。

(4)怀疑关节骨折时,需拍摄关节伸、屈位 X 线片,以便观察骨折线。

(5)注意辨别易被误认为骨折的正常解剖结构或解剖变异,如滋养孔、骺板、籽骨分裂、韧带联合(桡尺骨、胫腓骨、掌骨间韧带联合)。

2. 直肠检查:主要用于骨盆或腰椎骨折的辅助诊断,尤其是在大动物,常有助于了解骨折部变形或骨的局部病理变化。

3. 骨折传导音的检查:仅适用于大动物,可用听诊器置于大动物骨折任何一端骨隆起的部位作为收音区,以叩诊锤在另一端的骨隆起部轻轻叩打,患肢与健肢对比。根据骨传导音的音质与音量的改变,判断有无骨折存在。正常骨的传导音有清脆实质感,骨折后音变钝而浊,有时甚至听不清楚。

四、骨折的鉴别诊断

对于无明显骨变形的骨折病例,注意与发育性骨病、代谢性骨病、创伤性关节炎和变性性关节病等鉴别诊断。患病动物的品种、年龄和发病时间对骨折的鉴别诊断尤为重要。

实习步骤

1. 各种骨折临床病例的准备由指导教师在教学动物医院提前预约,以便进行集中教学实习。

2. 人造骨折病例时,由指导教师带领学生在实习前一天制作右前肢桡尺骨远端 1/4 完全横骨折和右后肢胫腓骨中段完全横骨折的骨折模型,手术过程严格无菌操作,术后加强护理,患犬佩戴伊丽莎白圈,备用。

3. 由指导教师讲解本次实习的目的和要求,介绍骨折的病因、症状和诊断方法,讲解各部位骨折的特点,并提醒学生注意实习安全问题(防止犬咬伤)。然后由学生分组独立进行操作,通过问诊、体格检查和 X 线检查确定骨折的病因、症状与骨折的部位、类型和程度,指导教师随时注意予以指导。

(1)问诊:主要了解骨折的发生时间、发病原因、患犬表现,是否存在骨质疾病,有无治疗及疗效等。

(2)体格检查:观察患犬的步态和姿势,触诊患肢和检查患部,确定 X 线检查的投照部位;确定骨折患犬有无全身症状。

(3)X 线检查:结合 X 线检查的要点,进行各部位的标准投照;暗室冲片后读片,根据情况加拍比较。

4. 组织学生总结本次实习,记录骨折的诊断步骤和结果,写出自己的体会,综合后上交实习报告。

实习注意事项

若实习对象为临床就诊病例,应谨慎操作,避免治疗的延误与处理失误。

实习二十六　绷带技术与外固定技术

实习目的

通过实习，掌握各种绷带技术与外固定技术的适应症、操作要领及注意事项。

实习方法

通过教师示范，学生动手操作，使学生掌握绷带技术与外固定技术要领。

实习内容

- 综合应用绷带技术与外固定技术，对实验犬的右前肢桡尺骨远端 1/4 完全横骨折和右后肢胫腓骨中段完全横骨折的骨折模型进行复位固定

实习对象

实验犬，在实习前一天对实验犬全身麻醉后制作桡尺骨远端和胫腓骨中段骨折模型，备用。

实习材料与器械

外科常规手术器械 2 套，骨科开张器 1 个，拉钩 2 个，摆锯 1 个，无损伤可吸收缝线 2 根，气管插管 2 个，吸入麻醉设备，静脉留置针 2 个，丙泊酚和异氟烷适量，70%酒精棉球和 2%碘伏棉球若干，1 mL、2 mL 和 5 mL 注射器若干，伊丽莎白圈和保定带，以及抗生素、纱布绷带、脱脂棉、橡皮膏、透气胶带、夹板、铁丝、老虎钳、弹力绷带等。

实习基础知识

绷带技术与外固定技术都属于包扎法的范畴。包扎法是利用敷料、卷轴绷带、复绷带、夹板绷带、支架绷带及石膏绷带等材料包扎止血，保护创面，防止自我损伤，吸收创液，限制活动，使创伤保持安静，促进受伤组织的愈合。

一、包扎法的类型

根据敷料、绷带性质及其不同用法，包扎法有以下几类：

1. 干绷带法：又称干敷法，是临床上最常用的包扎法，凡敷料不与其下层组织粘连的均可用此法包扎。本法有利于减轻局部肿胀，吸收创液，保持创缘对合，提

供干净的环境，促进愈合。干绷带法不需频繁更换，除非被患病动物损坏、弄脏和弄湿等。

2. 湿绷带法：又称湿敷法，常用于严重感染、脓汁多和组织水肿的创伤。此法有助于除去创内湿性组织坏死，降低分泌物黏性，促进引流等。湿敷法仅用于创伤处理后的最初 3～5 d，每天至少更换两次，一般是用对创口和皮肤无刺激的洗必泰湿润纱布敷料后覆盖创口，外层包扎同干绷带法。

3. 生物学敷法：指皮肤移植，即将健康的动物皮肤移植到缺损处，消除创面，加速愈合，减少瘢痕的形成。

4. 硬绷带法：硬绷带是指夹板、托马斯架和石膏绷带等。这类绷带可限制动物活动，减轻疼痛，降低创伤应激，缓解缝线张力，防止创口裂开和术后肿胀等。

二、包扎材料及其应用

1. 敷料：常用敷料有脱脂纱布、海绵纱布及脱脂棉等。

(1)脱脂纱布：质软、脱脂性强，根据需要剪叠成不同大小的纱布块，点数包好后高压蒸汽灭菌，备用。用以覆盖创口、止血、填充创腔和吸液等。

(2)海绵纱布：一种多孔皱褶的纺织品(一般是棉制的)，质柔软，吸水性比脱脂纱布好，其用法同脱脂纱布。

(3)脱脂棉：脱脂棉不能直接与创面接触，应先放纱布块，为此可以预制棉垫，即两层纱布间铺一层脱脂棉，再将纱布四周毛边向棉花折转。使用前高压灭菌。此外，脱脂棉也是四肢骨折外固定的重要敷料。

2. 绷带：多由纱布、棉布等制作成圆筒状，故称卷轴绷带，用途最广。另根据绷带的临床用途及其制作材料的不同，还有复绷带、夹板绷带、支架绷带和石膏绷带等。

三、卷轴绷带的种类

1. 纱布绷带：是临床上常用的绷带，有多种规格，长度一般 6 m，宽度有 3 cm、5 cm、7 cm、10 cm 和 15 cm 等。根据临床需要选用不同规格。

2. 棉布绷带：用本色棉布按上述规格制作。因其原料厚，坚固耐洗，施加压力不变形或断裂，常用以固定夹板、肢体等。

3. 弹力绷带：是一种弹性网状织品，质地柔软，包扎后有伸缩力，自成一体，不易松散脱落，而且不与皮肤和被毛粘连，拆除时动物无不适感。也有多种规格，宽度从 2 cm、5 cm、7.5 cm 到 10 cm 不等。

4. 胶带：多数胶带是多孔的，能让空气进入其下层纱布、创面，免除因潮湿不透气而影响蒸发。胶带分布制胶带(胶布或橡皮膏，宽有 1 cm 和 1.5 cm)和纸制胶带(透气胶带,宽有 1.2 cm 和 2.4 cm)。胶带是包扎不可缺少的材料,通常在创口上盖上敷料后,由纸胶带条粘贴在敷料及皮肤上将其固定,然后在缠绕纱布绷带后由橡皮膏缠绕固定。也可在外固定时,由橡皮膏在肢体内外侧粘贴皮肤充当外固定材料的防滑带。

四、绷带包扎的基本技术

包扎时,一般以左手持绷带的开端,右手持绷带卷,以绷带的背面紧贴肢体表面,由左向右缠绕。当第一圈缠好之后,将绷带的游离端反转盖在第一圈绷带上,再缠第二圈压住第一圈绷带。然后根据需要进行不同形式的包扎法缠绕。无论何种包扎法,均应以环形开始并以环形终止。包扎结束后,可将绷带末端剪成两条打个半结,最后打结于肢体外侧或以橡皮膏将绷带末端环形包扎固定。

1.环形包扎法:用于其他形式包扎的起始和末尾及较小创口的包扎。方法是在患部把卷轴呈环形缠数周,每周盖住前一周,最后将绷带末端剪开打结或以胶布固定。

2.螺旋形包扎法:用于包扎直径均匀的部位。方法是以螺旋形由下向上缠绕,每后一圈遮盖前一圈的 1/3～1/2。

3.折转包扎法:用于包扎上粗下细直径不一致的部位。方法是由下向上作螺旋形包扎,每一圈均应向下回折,逐圈遮盖前一圈的 1/3～1/2。

4.蛇形包扎法:用于固定夹板绷带的衬垫材料。方法是斜行向上延伸,各圈互不遮盖。

5.交叉包扎法:用于包扎关节部位。方法是在关节下方作一环形带,然后在关节前面斜向关节上方,作一周环形带后再斜行经过关节前面至关节下方。如上操作至患病部位完全被包扎住,最后以环形带结束。

五、小动物临床常用的绷带技术

1.胸腹绷带(手术衣):大动物临床常用胸腹绷带和结系绷带进行腹部创口包扎;小动物临床以自制手术衣包扎,根据需要可将手术衣结打至背侧、腹侧和外侧(图 26-1 和图 15-1)。

2.头绷带(耳包扎):主要用于外耳道切开或切除手术术后的包扎,根据是否暴露耳廓,综合运用环形包扎法、螺旋形包扎法、折转包扎法和交叉包扎法对双眼后的头部区域进行包扎(见实习十二)。

3.足绷带:用于前后肢掌指部和跖趾部创伤的包扎。综合运用环形包扎法、螺旋形包扎法和折转包扎法对肢体远端进行包扎。

4.悬吊绷带:常用于动物四肢损伤后的悬吊减负(图 26-2)。

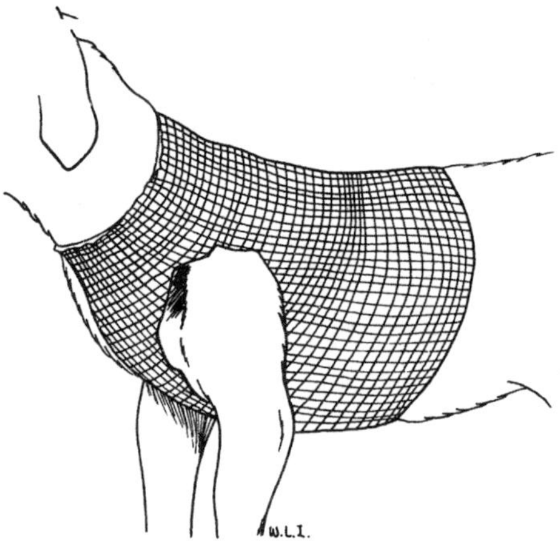

图 26-1　胸腹绷带(手术衣)

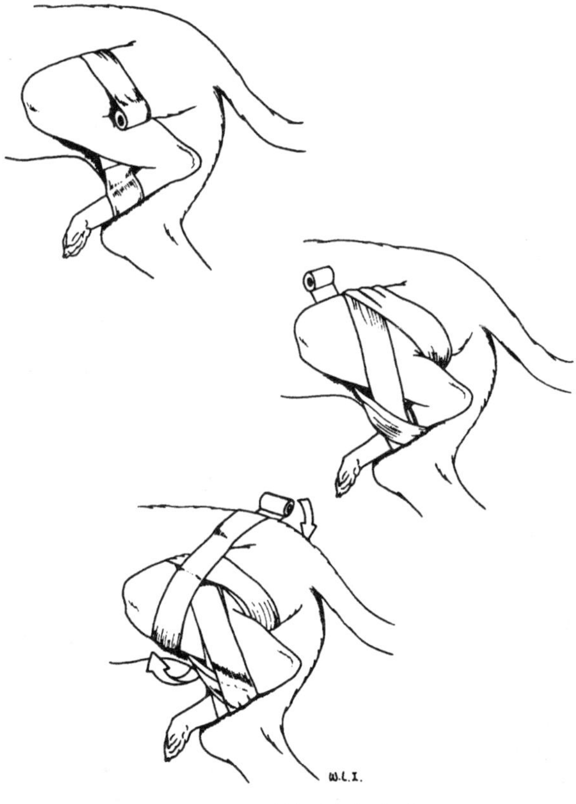

图 26-2　后肢悬吊绷带法

六、小动物临床常用的外固定技术

1.绷带外固定：即仅用厚层脱脂棉和绷带的包扎起固定作用的外固定技术，主要用于已进行有效内固定的四肢骨骨折的病例。包扎方法是(图 26-3 和图 26-4)：

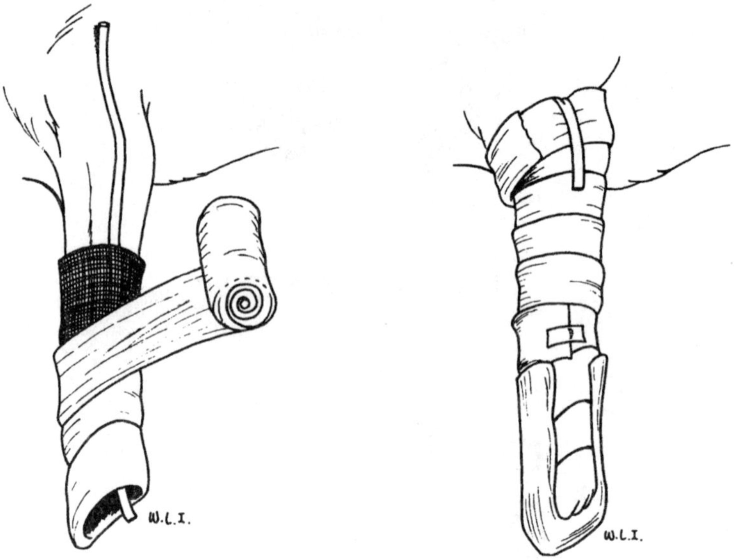

图 26-3　足绷带 1

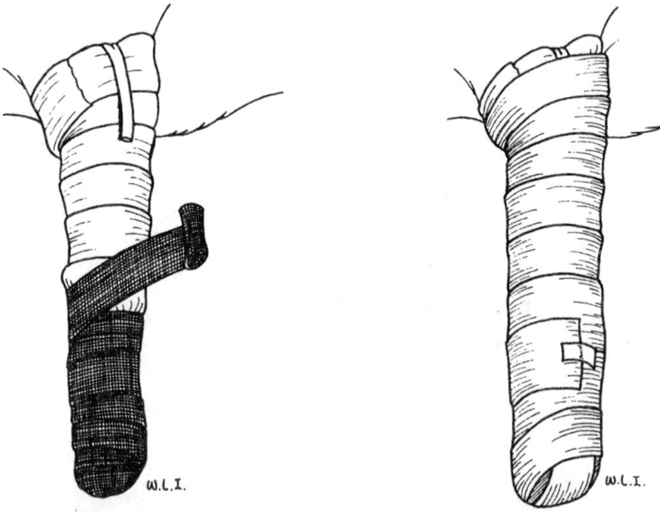

图 26-4　足绷带 2

(1)粘贴防滑带:在前肢或后肢的内、外侧,从肩部或臀部向下粘贴两条橡皮膏,末端长出肢体末端至少 5 cm,假黏合后备用。

(2)缠绕衬垫的厚层脱脂棉:从肢体远端向近端按环形包扎和螺旋形包扎法缠绕预制的脱脂棉卷轴绷带至合适厚度,肢体近、远端的直径要均匀,而且要露出爪垫。

(3)缠绕纱布卷轴绷带固定厚层脱脂棉,先由远端向近端,再向远端缠回,共缠绕两层纱布绷带,末端用橡皮膏环形带固定。

(4)预制的内、外侧防滑带折转贴于纱布绷带后用橡皮膏环形带固定。

(5)橡皮膏环形带间隔粘贴固定,其中绷带最上端、肘关节上部和腕关节上部必须粘贴固定。

(6)缠绕弹力绷带,方法同(3)。

2.夹板绷带外固定:即借助夹板保持患部安静和制动患肢的外固定技术,主要用于前肢肘关节以下部位的骨折复位固定。夹板可用竹板自制,也可选用铸型夹板;在绷带外固定的基础上,自制竹板至少选用 4 块,分别放置在内、外、前和后侧,铸型夹板放置在后侧,前、后侧放置的夹板近端不要超过肘关节,竹片夹板的远端要稍长于脚垫,铸型夹板的远端一般与脚垫持平。夹板绷带外固定时,骨折闭合性复位后,由助手牵拉肢体近端和远端保持复位固定,按绷带外固定的前 5 步操作,然后放置夹板,并用橡皮膏环形带固定。粘贴橡皮膏环形带时,首先在骨折线上、下粘贴固定(这样助手可以松手停止牵拉),然后与固定纱布绷带的橡皮膏环形带间隔固定夹板。剪短放置在前、外和内侧的竹片夹板,根据是否允许患肢负重的情况,修剪放置在后侧的竹片夹板,夹板稍长于脚垫可避免患肢负重。最后,如法缠绕弹力绷带。

3.托马斯架外固定:即借助托马斯架牵引而使骨折复位并固定的外固定技术,主要用于后肢股骨远端以下部位的骨折复位固定。托马斯架多用铝棒,也可用铁丝代替,根据患病动物大腿根部直径、后肢长短和骨折部位制作。包扎方法(图 26-5)是:

(1)估测大腿根部的直径,弯制铝棒或铁丝,并使支架圈下 1/2 屈曲呈 45°,形成托马斯架的近端支点;脱脂棉和纱布绷带包扎支架圈,橡皮膏环形带固定,增大与身体的接触面而减压。

(2)按绷带外固定的方法包扎患肢;对于长腿患犬,也可只包扎预牵引受力的部位,不需对整肢包扎。

(3)支架圈套于大腿上,紧贴大腿根部(注意公犬的睾丸和母犬的外阴),按动物站立姿势和腿长屈曲前、后的支架杆,并用橡皮膏缠绕固定。

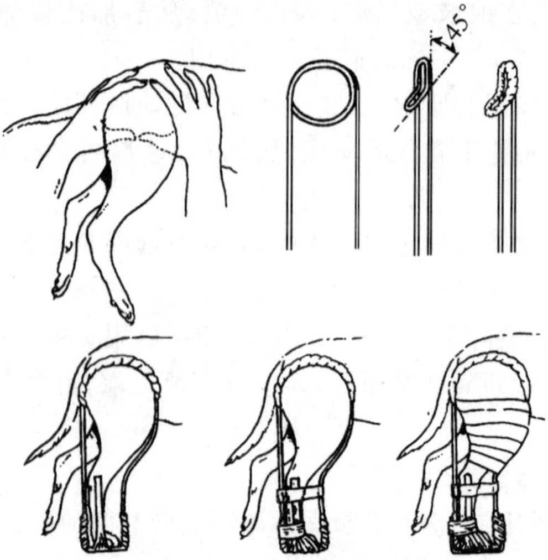

图 26-5 托马斯架外固定

(4)将防滑带的远端缠绕固定在支架的远端,使支架固定在患肢上,然后根据骨折的部位牵拉患肢,使骨折复位。

(5)如法缠绕弹力绷带。

注意:后肢不同部位骨折,制作托马斯架的角度略有不同(图 26-6)。

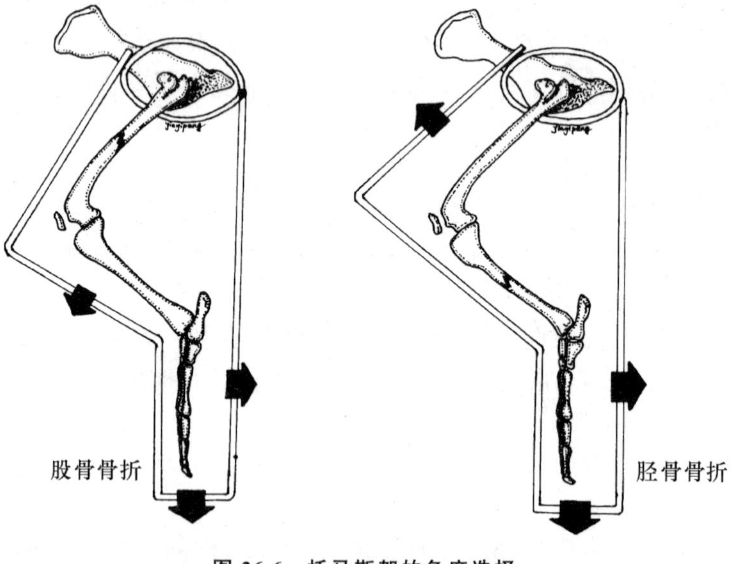

图 26-6 托马斯架的角度选择

实习步骤

1. 由指导教师带领学生在实习前一天制作右前肢桡尺骨远端 1/4 完全横骨折和右后肢胫腓骨中段完全横骨折的骨折模型，手术过程严格无菌操作，术后加强护理，患犬佩戴伊丽莎白圈，备用。

2. 由指导教师讲解本次实习的目的和要求，介绍小动物临床常用的绷带技术和外固定技术的适应症、操作要领和注意事项。然后由学生分组独立进行夹板绷带外固定和托马斯架外固定操作，固定完成后，通过 X 线检查查看复位固定效果。实习过程中，指导教师随时注意予以指导。

3. 组织学生总结本次实习，记录两种外固定技术的操作要领，写出自己的体会，综合后上交实习报告。

实习二十七　关节脱位的整复

实习目的

通过实习，掌握髋关节脱位、膝盖骨脱位和冠关节脱位的诊断及整复方法。

实习方法

通过教师示范，学生动手操作，使学生掌握髋关节脱位、膝盖骨脱位和冠关节脱位的诊断及整复技术要领。

实习内容

- 髋关节脱位、膝盖骨脱位、肘关节脱位、球节脱位和冠关节脱位的症状
- 髋关节脱位、膝盖骨脱位和冠关节脱位的整复方法

实习对象

发生关节脱位的患马或患牛。

实习材料与器械

圆木杠、1∶5的红色碘化汞软膏、芥子泥、X线机、静松灵、长绳、盐酸普鲁卡因、球头切腱刀、碘仿火棉胶、液体石蜡、支高尾蹄铁、长尾连尾蹄铁。

实习基础知识

关节骨端的正常结合因受机械外力作用造成变位时，叫关节脱位(图27-1)。

一、病因

关节脱位是因为强烈外力突然直接(跌倒、打击、冲撞、蹴踢)或间接(登空、竖高、关节的突然强烈屈伸等)作用于关节，使关节韧带和关节囊遭到破坏，引起关节变位。严重病例往往并发关节骨折。

当家畜患结核病、马腺疫、传染性胸膜肺炎、肌红蛋白尿病、维生素缺乏症或关节发育不良时，虽然受到的外力作用不大，也可能引起关节脱位，甚至有时基本没有外力作用，也能使处于病后虚弱的病畜发生脱位(病理性习惯性脱位)。常发生于牛、马的髋关节和膝关节。肩关节、肘关节、指关节也有发生。

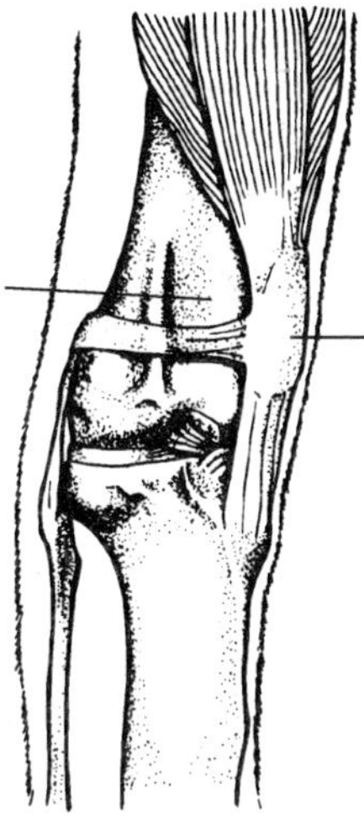

图 27-1　膝盖骨脱位

二、分类

按病因分为先天性脱位、外伤性脱位、病理性脱位和习惯性脱位。按发病程度分为完全脱位、不全脱位、单纯脱位、复杂脱位和骨折脱位。外科临床比较常见的是外伤性脱位。机械外力以间接的为主，很少为直接外力的作用。

三、共同症状

1. 关节变形：由于关节骨端的离开失去原形，改变原来解剖学上的隆起与凹陷。

2. 异常固定：因关节头与关节窝的错开卡住，以及有关韧带和肌肉的高度紧张，在非正常的位置上固定不动。即使被动运动时，也基本不动或活动不灵。但在被动之后仍回复异常固定状态，回复过程带有弹拨性。在骨折脱位时无此特征。

3. 关节肿胀：只在严重外伤性脱位时，关节组织破坏的较重。关节出血、血肿及剧烈的炎症反应时，出现明显的肿胀。

4. 患肢纵轴变化：患肢与健肢对比，一般规律是：在全脱位时，患肢纵轴缩短；不全脱位时，患肢纵轴延长。

5. 肢势改变：在脱位关节的下方，发生肢势改变，如内收、外展、屈曲或伸长等。

6. 机能障碍：在伤后立即出现。由于关节骨端变位和疼痛，患肢运动障碍或完全不能运动。

四、诊断

关节脱位的症状，在不同关节的脱位时，都有其各自的定型表现，一般比较容易确诊。在外被肌肉较多的髋关节脱位时，有的症状不明显，如肿胀。在诊断时除注意视诊、触诊、被动运动和与对侧健肢比较检查外，还要检查肢体末梢的脉搏和知觉，X线检查骨端和骨折。

五、预后

一般没有合并损伤的关节脱位，如能及时整复，一般预后良好。并发骨折脱位时，整复困难，预后不良。

六、治疗

着重整复固定，恢复功能。

1. 整复：脱位的关节头通过关节囊的破裂口回到原来的位置。整复的时间越早越好，否则炎症发展，影响复位。整复时进行全身麻醉、传导麻醉或关节腔麻醉，也可以用肌松剂，使肌肉、韧带弛缓，消除阻力，减少疼痛，便于整复。

2. 整复的方法：按、揣、揉、拉和抬等，同时使用绳子牵引。首先用力牵引患肢，拉开反常固定的患关节，然后按照正常的解剖位置，使脱位的骨端还原。正确复位时，可以感觉到有一种声响，患关节的变形和异常运动消失，完全恢复原来关节的正常活动。

3. 固定：复位后，为了防止再发应立即进行固定。下肢关节脱位用石膏绷带或夹板绷带固定，经过 20～30 d 后，取下绷带，并牵遛运动，促进机能恢复。在固定的同时，应用热疗法，效果较好。上肢关节不便用绷带固定时，可用 5%灭菌盐水或自家血液向脱位关节周围皮下注射数点（全量 20 mL），引起周围组织炎症反应、肿胀，借此提高组织的紧张度、达到固定的目的。整复困难的脱位可进行手术疗法。

七、临床中常见的几种脱位

1. 髋关节脱位：髋关节脱位最常见于牛，马也有发生。

（1）病因：牛多发的因素是髋关节存在解剖学上的缺陷，即髋关节窝较浅，股骨头的弯曲半径比较小，髋关节韧带特别是圆韧带、副韧带、髋臼韧带比较薄弱（有些牛没有副韧带）。

在牛中，种公牛的发病率较多于乳牛。种公牛常发生于配种、采精时的突然转倒，乳牛有时发生于分娩过程，在发情期常因爬跨引起发病。马多发生于突然的滑倒和跌跤时，叉开后肢用力过猛以及保定事故等。

（2）分类：髋关节脱位有关节头由关节窝脱出落于别处的全脱位，有关节头与关节窝仍保有一部分接触的不全脱位。根据股骨头变位的方向，有前方脱位、上外方脱位、内方脱位和后方脱位。马的髋关节脱位常并发关节韧带断裂或关节骨折，高度出血。牛发病时，关节组织的损伤比较轻。

(3)症状:

A. 前方脱位:股骨头变位,被反常固定于关节窝的前方,大转子明显地向外方突出。站立时,患肢短缩,股骨几乎呈垂直状态。患肢外展,蹄尖向外,飞端向内。被动运动时,有时可听到股骨头与髂骨的摩擦音。运动时,三肢跳跃,患肢向后伸展,拖曳前进,表现混合跛行。牛常不能站立。被动运动的特点是,外展受限,内收容易。

B. 上外方脱位:股骨脱离原位置,被反常固定于髋关节上方,大转子明显向上方突出。站立时,患肢明显短缩,呈内收肢势或伸展状态。患肢外旋,蹄尖向前外方,患肢飞节比对侧高数厘米。被动运动时,患肢外展受限,内收容易。运动时,患肢拖拉前进,并向外划大的弧形。

C. 后方脱位:股骨头被反常固定于坐骨外支下方。站立时,患肢外展叉开,比健肢长,患侧臀部皮肤紧张,股二头肌前方出现凹陷沟,大转子原来位置凹陷。突然向后牵引患肢时,可听到骨的摩擦音。运动时三肢跳跃,患肢在地上拖曳,明显外展。

D. 内方脱位:股骨头脱位进入闭孔内,站立时患肢短缩。被动运动时内收、外展容易,运动时患肢不能负重,以蹄尖着地拖曳。直肠检查时,可在闭孔内摸到股骨头。

以上几种脱位是髋关节完全脱位的典型症状。髋关节不全脱位时,突然发生严重混合跛行,但多数患肢能轻轻负重,关节变形不明显,并无患关节的反常固定和肢势的明显变化。

(4)诊断:诊断时应注意与骨折鉴别,进行X线摄影。

2. 膝盖骨脱位:多发生于牛和马。有外伤性脱位、病理性脱位和习惯性脱位。外伤性脱位比较多见,习惯性脱位是病理性脱位的一种。根据膝盖骨的变位方向,有上方脱位、外方脱位及内方脱位。马以上方脱位为多见,牛多发外方脱位,有时两后肢同时发病。

(1)病因:滑倒、跌跤、在泥泞的路上剧烈使役、跳跃、撞击、竖立时,由于股四头肌的异常收缩,常能引起膝盖骨上方脱位。膝内直韧带或膝内侧韧带剧伸和撕裂能引起膝盖骨外方脱位。损伤外侧韧带时,可能引起内方脱位。

(2)症状:

A. 上方脱位:突然发病。站立时,大腿、小腿强直,呈向后伸长肢势,膝关节、跗关节完全伸直,不能屈曲。运动时呈悬垂跛行,以蹄尖着地,拖曳前进,患肢高度外展,或不能着地,以三肢跳跃。被动运动时,患肢不能屈曲。触诊膝盖骨上方移位,被反常固定于股骨内侧、滑车嵴的顶端,膝内直韧带高度紧张。两后肢同时发生膝盖骨上方脱位时，病畜完全不能运动。上方脱位有时在运动中突然发出复位声，脱位的膝盖骨自然复位，恢复正常肢势。

B. 习惯性脱位：牛多发生，马也有发生。主要是膝盖骨上方脱位，多并发于某些传染性疾病(如马腺疫等)的恢复期。其特征是经常反复发作，病畜在运动中无任何原因突然发生上方脱位，表现瞬间股胫部强直，患肢向后伸长，继续前进数步，可听到复位声，自然恢复，症状立即消失。间歇时间不定，有的仅间歇数步乃至数十步，有的长些，再次发生。

C. 外方脱位：因外力作用引起膝内侧韧带或膝内直韧带受牵张或断裂，膝盖骨向外方脱位。站立时，膝、跗关节屈曲，患肢向前伸，以蹄尖轻轻着地。运动时，除髋关节能负重外，其他关节均高度屈曲，表现典型的支柱跛行。跛行状态类似股四头肌麻痹症状。触诊膝盖骨外方变位，正常位置处出现凹陷，膝直韧带向上外方倾斜。

D. 内方脱位：因股膝外侧韧带断裂，膝盖骨固定于膝关节的上内侧，膝直韧带向上内方倾斜。

(3)诊断：临床诊断时，注意牛的膝盖骨上方脱位与股二头肌转位的鉴别诊断。股二头肌转位时患肢伸长程度比较小，膝盖仍保持活动性，膝盖骨韧带也不甚紧张，可摸到突出的大转子。这些症状，在膝盖骨上方脱位时不出现。

马的膝盖骨外方脱位应与股神经麻痹及膝盖骨的伸肌断裂做鉴别诊断。股神经麻痹时，膝盖骨不移位，无带痛性肿胀，这与膝盖骨外方脱位不同。膝盖骨的伸肌断裂时，在急性期可摸到断裂凹陷处，膝盖骨外方脱位无此症状。

3. 冠关节脱位：冠关节脱位并不少见，除少数因蹄冠受到砸伤或扭转等引起外，多数是在患纤维性骨营养不良的过程中，由于起卧或失蹄、滑走等引起。此时，必然出现冠关节掌韧带的撕裂(多为撕裂性骨折)，特别是出现籽骨直韧带的断裂，才能出现冠关节脱位。骨端移位的规律是系骨下端离开冠骨关节面向后下方转位。根据系骨下端转位的程度有完全脱位和不全脱位。冠关节脱位后如不及时整复，冠骨关节面上方的间隙将由结缔组织填充以致骨化，使系骨下端不能再脱位。冠关节脱位时，由于损伤关节囊、内外侧韧带及骨膜，容易出现骨化性冠关节周围炎或冠骨、系骨的骨化性骨膜炎。

冠关节脱位时，患肢着地负重的状态与指(趾)深屈腱全断裂的肢势相类似，以蹄踵部着地，蹄尖显著翘起，系部直立，蹄冠前面出现凹陷。运步时呈中度支跛。指(趾)骨轴线向后方破折，触压系凹下部有明显的热痛及肿胀，有的可感知向后转位的系骨下端，蹄冠前面一般无肿痛。被动运动时，冠关节的活动范围明显增大，有的可将系骨和冠骨的两关节端任意整复或脱位，而不出现明显的疼痛反应。尚可用X线检查确诊。

4. 肘关节脱位：肘关节受强大外力打击时，多发生骨折或骨折后的关节脱位。单纯的肘关节脱位极少见，且必须是肘关节的外侧韧带和内侧韧带断裂，才能发生肘关节脱位。一前肢向前向外跌倒、前肢被嵌留而急速挣脱、对前肢的强力扭转等情况，都可引起肘关节脱位，此时，脱出的臂骨头多转位于内侧，桡尺骨转位于外侧，相反，也有的臂骨头转位于外侧，桡尺骨转位于内侧。不并发尺骨体完全骨折，臂骨头不能转位于后面。

肘关节脱位后，病马不能自行起立，人工扶起后，以三肢站立负重，患肢变短，呈伸直状态，以蹄尖接地，肢轴向外旋转。当体重移向患侧、欲以患肢负重时，由于肘关节失去固定作用和支轴严重外旋，患肢呈内弧肢势，患肢以蹄尖接地，肘部向外侧突出，以腕关节为弧顶，前臂部到掌部均向外侧突弯，臂三头肌部呈持续震颤状态。病马不愿运步，强迫运动时，呈伸直跳跃，患肢不能自动提屈伸扬而悬垂，并随运步出现异常摆动现象。

检查患部时，肘关节部变形、肿胀显著，增温但疼痛不剧烈。当脱位的臂骨头向内侧转位时，臂骨远端明显向内侧塌陷，从外侧摸不到臂骨外髁，于腋窝内侧可清楚地摸到臂骨内髁。尺骨轴向外方转位，桡骨外侧韧带结节向后转位而明显突出，向前方可清楚地感知桡骨头窝，其前缘呈堤状突出。进行肘关节的被动运动时，活动范围明显增大，向四周活动几乎无抵抗，有时还可以进行旋转活动，疼痛反应不明显，有时可听到骨端的钝性撞击音。

5. 球节脱位：球节脱位常因球节部受到打击、压轧、滑倒、扭转等外力作用而发生。此时球节的内外侧韧带和关节囊发生断裂，甚至关节周围的肌腱等也遭受严重的损伤。系骨与掌（跖）骨的关节面完全失去接触的移位，称为球节完全脱位；两关节面尚有部分接触的移位，称为球节不全脱位；系骨与掌（跖）骨的关节面无异常，仅上籽骨移位者，称为上籽骨脱位。

球节完全脱位时，患肢突发跛行，不能以患肢负重而提屈悬垂。运步时呈三肢跳跃前进，并于球节部出现异常肢势，使指（趾）轴与肢轴不对位。关节周围组织损伤严重的病例，有明显的热痛及肿胀，脱位的系骨上端髁移位于掌（跖）骨的内侧或外侧，有时也见于前方或后方。被动运动时，球节部的活动范围明显增大，常能感知骨端的撞击音。有的病例于球节部并发创伤。外侧韧带断裂时，系骨向内侧脱位，指（趾）部向内方偏斜。内侧韧带断裂时，系骨向外侧脱位，指（趾）部向外方偏斜。触压断裂的侧韧带，有明显的疼痛反应，由于溢血，球关节囊肿胀。被动运动时，向健侧转动的活动范围大，向患侧转动却受到限制。上籽骨脱位时，多因籽骨韧带断裂，致上籽骨朝向上方转位。患肢不能负重，运步呈重度跛行，球节后部明显肿胀，触压时，有明显疼痛反应，并可感知上籽骨移向球节后上方。

实习步骤

1. 髋关节脱位的整复：整复时患肢在上横卧保定，全身麻醉。上外方脱位整复时，助手握住患肢，向前方拉直的同时术者用手从前向后推压股骨头，如股骨头复位可听到复位声。后方脱位整复时，助手双手紧握患肢的跖部和飞节上方，将患肢向侧方轻轻移动，突然用力向躯干方向推腿，再向外旋转，可能复位。内方脱位整复时，患肢在上侧卧保定，适当麻醉。患肢球节部系一软绳由助手用力牵引，用一圆木杠置于患肢的股内部，由两人用力向上抬杠，牵拉患肢，术者两手用力向下压大腿部，如感觉到或听到股骨头复位声，即整复。

复位后，令病畜横卧一天，待局部出现炎性反应时借以固定。或向患肢关节涂1∶5的红色碘化汞软膏，或涂芥子泥等加速炎性反应。或在髋关节周围注射盐水数点，也可以诱发炎性反应，达到固定的目的。复位后数日内禁止病畜卧倒，吊起保定，预防再发。

2. 膝盖骨脱位的整复：治疗一般的一时性脱位，可注射肌松药，迫使病畜急速侧身后退或直向后退，脱位的膝盖骨可自然复位。这是比较简易又行之有效的方法，但应耐心地反复地进行上述动作。确实不能整复时，再改用牵引复位法。即用长绳系于患肢的系部，从腹下部向前，由对侧颈基部向下向前，从颈部上方紧拉绳，将患肢向前上方牵引，使膝关节屈曲，术者以手用力向下推压脱位的膝盖骨，促进复位。还可以进行卧倒整复，患肢在上横卧保定，全身麻醉。患肢前方转位，用力牵引，术者从后上方向前下方推压膝盖骨，可复位。

整复方法都达不到治疗目的时，可手术切断膝内直韧带，疗效较好。病马患肢在下横卧保定，后上健肢向前方转位，用水合氯醛全身麻醉，或用盐酸氯丙嗪镇静。局部麻醉在膝中直韧带上方，靠近胫骨上端的皮下注入2%盐酸普鲁卡因5 mL，再向膝内直韧带上方的皮下即在胫骨附着处注入10～15 mL(即在胫骨内侧下端的胫骨内髁稍稍向下股膝关节内面，可摸到紧张的一条膝内直韧带)。术部剪毛、消毒。在膝直韧带的边缘，紧靠胫骨附着处切口，纵长2～3 cm，切开皮肤、浅筋膜、股阔筋膜及缝匠肌和股薄肌的筋膜，直到膝内直韧带，将球头切腱刀从前向后插入膝内直韧带下，转刀刃对准韧带向外用力切断全部纤维，膝盖骨立即复位。皮肤创结节缝合，涂碘仿火棉胶，包扎绷带。术后安静7～10 d，1～2个月内不能使役。

习惯性脱位可沿弛缓的韧带皮下注90℃液体石蜡适量，造成疤痕组织的形成，加强韧带的固着。也可使用皮肤烧烙法，配合使用削蹄疗法，即切削患肢的外侧蹄负面。蹄踵壁多切削，蹄尖壁少切削，使蹄负面呈内高外低的倾斜状态，患肢在运动时可表现内向捻转步样。外侧蹄负面倾斜度的切削，应分数次逐渐调正，直至机能障碍消失。患肢蹄壁较低，无法切削时，可装内侧支高尾蹄铁。也可根据病情需要，在切削外侧蹄负面的同时，装内侧支高尾蹄铁。总之，以能造成捻转步样为目的，借以治疗习惯性脱位。

3. 冠关节脱位的整复：对新鲜病例，无需用牵引方法整复脱位的关节，而是将患肢蹄负面削蹄或修整，并使蹄角度比正常角度增加 5°～10°后，装钉长尾连尾蹄铁，患肢负重时，脱位的冠关节即能自行复位。应注意蹄角度过小或过大都起不到整复作用。此外，还可以加装石膏绷带固定 4～5 周，并配合补充钙质和治疗原发病。对陈旧病例，经常装钉长尾连尾蹄铁，防止蹄尖翘起，可恢复一定的使役能力。

4. 肘关节脱位的整复：可试行全身麻醉下，整复脱位的肘关节，并加以固定。

5. 球节脱位的整复：及时整复脱位的关节骨端，使其恢复到正常的解剖位置，此时关节变形消失，屈伸活动恢复。装着石膏绷带固定 3～4 周后，拆除绷带，进行适当的牵遛运动，并施以温蹄浴、石蜡疗法等，以减少关节周围组织增生。

附录一　皮肤检查记录单

病例号：　　　　　主人姓名：　　　　　动物姓名：　　　　　年龄：
种类：　　　　　　性别：　　　　　　　体重(kg)：　　　　　日期：

常规信息：

1. 饮食情况：商业饲料/人食/(　　)
2. 饲养环境：室内硬地面/地毯/室外硬地面/土地/草地/(　　)
3. 接触动物情况：频繁/偶尔/从不　　何种动物：犬/猫/(　　)
4. 交配/生育/绝育情况：
5. 病史：
6. 行为异常：无/兴奋/沉郁/攻击/自残/孤僻/多饮多尿/食欲旺盛/食欲衰退

皮肤病相关信息：

1. 主人强调的主要问题：
2. 何时开始：
3. 最早症状：
4. 季节规律：有/无
5. 瘙痒程度：极严重/严重/一般/轻微/无
6. 瘙痒部位：可标注于图
7. 瘙痒行为：抓挠/啃咬/蹭皮毛/舔舐
8. 是否发现过外寄生虫：是/否　　特征(　　)
9. 与患病动物接触的人或动物是否表现任何症状：是/否　　何种(　　)
10. 是否接受过治疗：是/否　　何种(　　)
11. 洗澡情况：浴液(　　)间隔(　d)
12. 主要症状：瘙痒/疼痛/鳞屑/皮屑/结痂/渗出/红斑/丘疹/荨麻疹/红疹/淤血/紫癜/广泛性脱毛/局部脱毛/对称性脱毛/无规律脱毛/毛稀疏/毛根松脱/毛囊炎/黑头粉刺/小脓疱/小水疱/脓肿/痈/蜂窝织炎/肿瘤渗血/出血/溃疡/糜烂/苔藓化/色素化/皮肤变薄/(　　)
13. 特殊气味：无/腥/臭/(　　)
14. 皮肤微生物化验结果：疥螨/蠕形螨/耳痒螨/细菌/丝状真菌/酵母样真菌(含马拉色菌)

15. 毛镜检结果：

16. 过敏源皮试结果：

17. 活组织检查结果：

18. 发病部位：可标注于图

注：

规范的医疗文书书写，不但是医疗安全、医患和谐关系的必要保障，更为未来学科发展留下宝贵的经验。

检查记录单是医疗文书，同学们应当按照相关规定和法律法规认真规范地书写检查记录单。

附录二　眼科检查记录单

病例号________主人姓名________日期________

种类________品种________性别________年龄________

眼科病史____

其他治疗史____

反射　　左眼　右眼

眼睑反射　□　□

视物反射　□　□

瞳孔反射　□　□

左眼—右眼□

右眼—左眼□

动眼反射　□　□

角膜反射　□　□

眼球及眼周组织

眼睑

第三眼睑

泪液系统

泪液分泌试验：左眼　　　　右眼

结膜

角膜

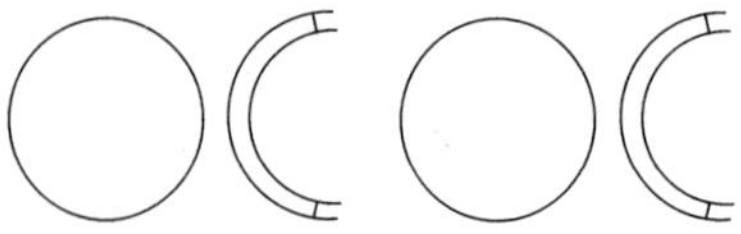

左眼　　　　右眼

眼前房/虹膜角膜角

虹膜

眼压　左眼　　　　右眼

晶状体

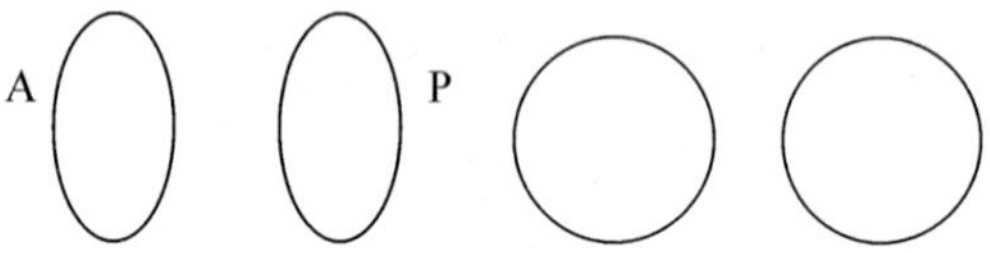

左眼　右眼　左眼　右眼

玻璃体

眼底

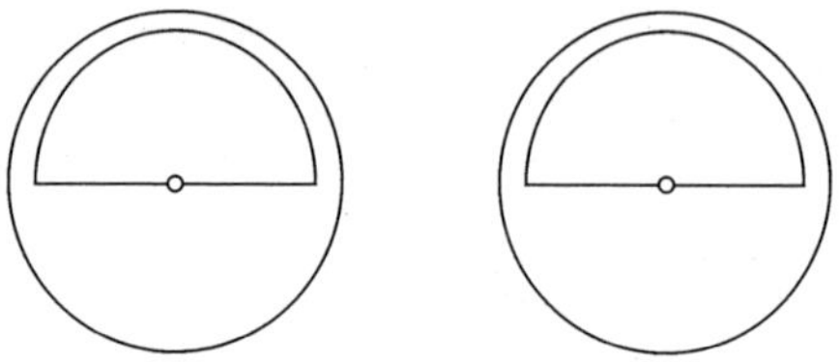

左眼　　　　右眼

诊断结果

治疗方案

附录三　犬、猫口腔检查记录单

病例号 ______ 主人姓名 ______ 动物姓名 ______ 日期 ______

种　类 ______ 品　　种 ______ 性　　别 ______ 年龄 ______

主要问题 ____________________

口腔病史 ____________________

其他治疗史 ____________________

饮食情况 ____________________

口腔保健情况 ____________________

其　　他 ____________________

医学警告：

头骨类型：

- □ 短头型
- □ 中短型
- □ 长头型
- □ 其他

口腔清洁情况：

- □ 牙菌斑　正常　轻微　中度　严重
- □ 牙结石　正常　轻微　中度　严重

牙周异常：

- □ 齿龈炎　I C P M
- □ 齿龈水肿　I C P M
- □ 齿龈囊＞3 mm　I C P M
- □ 齿龈囊＞5 mm　I C P M
- □ 齿龈萎缩　I C P M
- □ 齿龈增生　I C P M
- □ 齿龈黏膜缺失　I C P M
- □ 黏膜外伤　I C P M
- □ 肿瘤　I C P M

齿咬合情况：

- □ 交错型
- □ 凹颌型
- □ 凸颌型
- □ 歪斜型
- □ 水平型
- □ 反咬合型
- □ 咬合面磨损　I C P M

齿异常：

- □ 乳齿未脱　I C P M
- □ 齿缺　I C P M
- □ 多齿　I C P M
- □ 龋齿　I C P M
- □ 齿溶　I C P M
- □ 齿外伤　I C P M
- □ 齿折　I C P M
- □ 齿松动　I C P M
- □ 齿根脓肿　I C P M

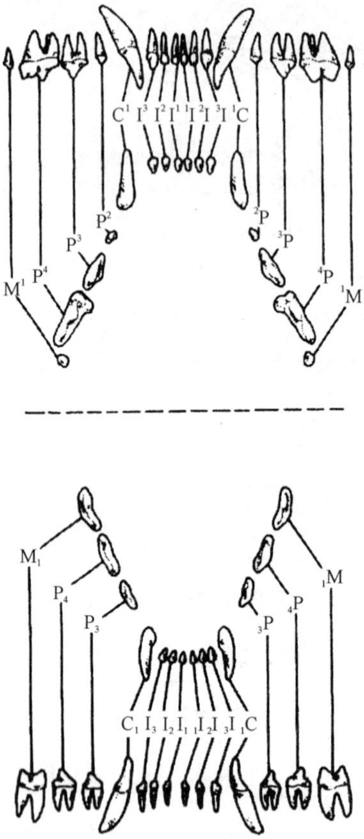
C^1 I^3 I^2 I^1 ${}^1I$ ${}^2I$ ${}^3I$ ${}^1C$
P^2 ${}^2P$
P^3 ${}^3P$
M^1 P^4 ${}^4P$ ${}^1M$
M_1 ${}_1M$
P_4 ${}_4P$
P_3 ${}_3P$
C_1 I_3 I_2 I_1 ${}_1I$ ${}_2I$ ${}_3I$ ${}_1C$

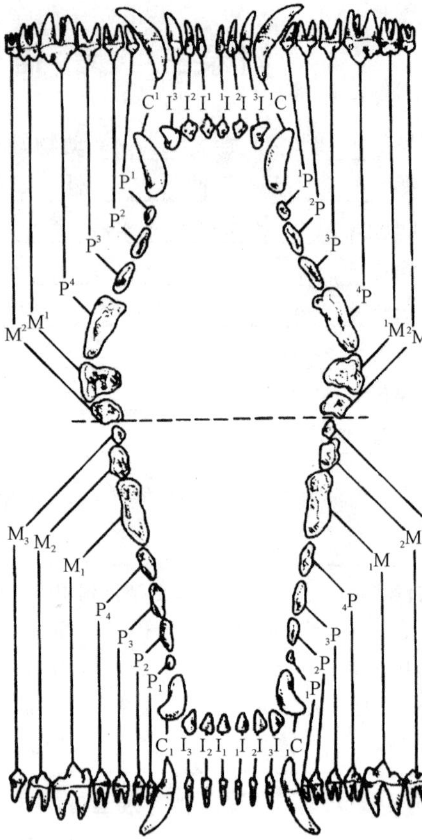
C^1 I^3 I^2 I^1 ${}^1I$ ${}^2I$ ${}^3I$ ${}^1C$
P^1 ${}^1P$
P^2 ${}^2P$
P^3 ${}^3P$
P^4 ${}^4P$
M^2 M^1 ${}^1M$ ${}^2M$
M_3 M_2 ${}_2M$ ${}_3M$
M_1 ${}_1M$
P_4 ${}_4P$
P_3 ${}_3P$
P_2 ${}_2P$
P_1 ${}_1P$
C_1 I_3 I_2 I_1 ${}_1I$ ${}_2I$ ${}_3I$ ${}_1C$

参 考 文 献

[1] 汪世洪，陈家璞. 家畜外科学. 3 版. 北京：中国农业出版社，1997.

[2] 王洪斌，齐长明. 家畜外科学. 4 版. 北京：中国农业出版社，2003.

[3] 林德贵. 兽医外科手术学. 4 版. 北京：中国农业出版社，2004.

[4] 侯加法. 小动物外科学. 北京：中国农业出版社，2000.

[5] 彭广能. 兽医外科学. 成都：四川科学技术出版社，2004.

[6] 丁明星. 兽医外科学. 北京：科学出版社，2008.

[7] Turner A S，et al. Techniques in large animal surgery. BlackWell Publishing，2003.

[8] Douglas H S. Textbook of small animal surgery. W. B. Saunders Company，1999.

[9] Theresa W F，et al. Small animal surgery. 3rd ed. Elsevier Science Health Science div，2007.

图书在版编目(CIP)数据

兽医外科学实习教程/金艺鹏,林德贵主编.—北京:中国农业大学出版社,2009.12(2023.8重印)
ISBN 978-7-81117-929-3

Ⅰ.①兽… Ⅱ.①金…②林… Ⅲ.①兽医学-外科学-实习-高等学校-教材
Ⅳ.①S857.12-44

中国版本图书馆CIP数据核字(2009)第224507号

书　　名　兽医外科学实习教程
作　　者　金艺鹏　林德贵　主编

策划编辑　张　程　潘晓丽　　**责任编辑**　王艳欣
封面设计　郑　川　李尘工作室　　**责任校对**　王晓凤　陈　莹
出版发行　中国农业大学出版社
社　　址　北京市海淀区圆明园西路2号　　**邮政编码**　100193
电　　话　发行部 010-62818525,8625　　读者服务部 010-62732336
　　　　　　编辑部 010-62732617,2618　　出　版　部 010-62733440
网　　址　http://www.cau.edu.cn/caup　　**e-mail** cbsszs@cau.edu.cn
经　　销　新华书店
印　　刷　涿州市星河印刷有限公司
版　　次　2009年12月第1版　　2023年8月第5次印刷
规　　格　170 mm×228 mm　　16开本　　9.25印张　　170千字
定　　价　28.00元

图书如有质量问题本社发行部负责调换